中华人民共和国行业标准

建筑机械使用安全技术规程

Technical specification for safety operation
of constructional machinery

JGJ 33-2012

批准部门：中华人民共和国住房和城乡建设部
施行日期：2 0 1 2 年 1 1 月 1 日

U0196562

中国建筑工业出版社

2012 北 京

中华人民共和国行业标准
建筑机械使用安全技术规程
Technical specification for safety operation
of constructional machinery
JGJ 33‑2012

*

中国建筑工业出版社出版、发行（北京西郊百万庄）
各地新华书店、建筑书店经销
北京红光制版公司制版
河北鹏润印刷有限公司印刷

*

开本：850×1168毫米　1/32　印张：6⅛　字数：164千字
2012年8月第一版　　2024年9月第二十三次印刷
定价：**72.00**元
统一书号：15112·43306
版权所有　翻印必究
如有印装质量问题，可寄本社退换
（邮政编码 100037）
本社网址：http://www.cabp.com.cn
网上书店：http://www.china-building.com.cn

中华人民共和国住房和城乡建设部
公　告

第 1364 号

关于发布行业标准《建筑机械使用安全技术规程》的公告

现批准《建筑机械使用安全技术规程》为行业标准，编号为 JGJ 33 - 2012，自 2012 年 11 月 1 日起实施。其中，第 2.0.1、2.0.2、2.0.3、2.0.21、4.1.11、4.1.14、4.5.2、5.1.4、5.1.10、5.5.6、5.10.20、5.13.7、7.1.23、8.2.7、10.3.1、12.1.4、12.1.9 条为强制性条文，必须严格执行。原行业标准《建筑机械使用安全技术规程》JGJ 33 - 2001 同时废止。

本规程由我部标准定额研究所组织中国建筑工业出版社出版发行。

中华人民共和国住房和城乡建设部

2012 年 5 月 3 日

前　言

　　根据住房和城乡建设部《关于印发〈二〇〇八年工程建设标准规范制订、修订计划（第一批）〉的通知》（建标［2008］102号）的要求，规范编制组经深入调查研究，认真总结实践经验，并在广泛征求意见的基础上，修订本规程。

　　本规程的主要技术内容是：1. 总则；2. 基本规定；3. 动力与电气装置；4. 建筑起重机械；5. 土石方机械；6. 运输机械；7. 桩工机械；8. 混凝土机械；9. 钢筋加工机械；10. 木工机械；11. 地下施工机械；12. 焊接机械；13. 其他中小型机械。

　　本规程修订的主要技术内容是：1. 删除了装修机械、水工机械、钣金和管工机械，相关机械并入其他中小型机械；对建筑起重机械、运输机械进行了调整；增加了木工机械、地下施工机械；2. 删除了凿岩机械、油罐车、自立式起重架、混凝土搅拌站、液压滑升设备、预应力钢丝拉伸设备、冷镦机；新增了旋挖钻机、深层搅拌机、成槽机、冲孔桩机、混凝土布料机、钢筋螺纹成型机、钢筋除锈机、顶管机、盾构机。

　　本规程中以黑体字标志的条文为强制性条文，必须严格执行。

　　本规程由住房和城乡建设部负责管理和对强制性条文的解释，由江苏省华建建设股份有限公司负责具体技术内容的解释。执行过程中如有意见和建议，请寄送江苏省华建建设股份有限公司（地址：江苏省扬州市文昌中路468号，邮编：225002）。

　　本 规 程 主 编 单 位：江苏省华建建设股份有限公司
　　　　　　　　　　　　　江苏邗建集团有限公司
　　本 规 程 参 编 单 位：南京工业大学
　　　　　　　　　　　　　武汉理工大学

上海市建设机械检测中心

上海建工（集团）总公司

上海市基础公司

天津市建工集团（控股）有限公司

扬州市建筑安全监察站

扬州市建设局

江苏扬建集团有限公司

江苏扬安机电设备工程有限公司

本规程主要起草人员：严　训　施卫东　曹德雄　李耀良
　　　　　　　　　　吴启鹤　耿洁明　程　杰　徐永海
　　　　　　　　　　徐　国　汤坤林　王军武　成国华
　　　　　　　　　　吉劲松　唐朝文　蒋　剑　管盈铭
　　　　　　　　　　胡华兵　沈永安　汪万飞　陈　峰
　　　　　　　　　　冯志宏　朱炳忠　王宏军　施广月

本规程主要审查人员：郭正兴　潘延平　卓　新　阎　琪
　　　　　　　　　　王群依　郭寒竹　黄治郁　孙宗辅
　　　　　　　　　　刘新玉　姚晓东　葛兴杰

目　次

Contents

13

1 总　　则

1.0.1 为贯彻国家安全生产法律法规，保障建筑机械的正确使用，发挥机械效能，确保安全生产，制定本规程。

1.0.2 本规程适用于建筑施工中各类建筑机械的使用与管理。

1.0.3 建筑机械的使用与管理，除应符合本规程外，尚应符合国家现行有关标准的规定。

2 基 本 规 定

2.0.1 特种设备操作人员应经过专业培训、考核合格取得建设行政主管部门颁发的操作证，并应经过安全技术交底后持证上岗。

2.0.2 机械必须按出厂使用说明书规定的技术性能、承载能力和使用条件，正确操作，合理使用，严禁超载、超速作业或任意扩大使用范围。

2.0.3 机械上的各种安全防护和保险装置及各种安全信息装置必须齐全有效。

2.0.4 机械作业前，施工技术人员应向操作人员进行安全技术交底。操作人员应熟悉作业环境和施工条件，并应听从指挥，遵守现场安全管理规定。

2.0.5 在工作中，应按规定使用劳动保护用品。高处作业时应系安全带。

2.0.6 机械使用前，应对机械进行检查、试运转。

2.0.7 操作人员在作业过程中，应集中精力，正确操作，并应检查机械工况，不得擅自离开工作岗位或将机械交给其他无证人员操作。无关人员不得进入作业区或操作室内。

2.0.8 操作人员应根据机械有关保养维修规定，认真及时做好机械保养维修工作，保持机械的完好状态，并应做好维修保养记录。

2.0.9 实行多班作业的机械，应执行交接班制度，填写交接班记录，接班人员上岗前应认真检查。

2.0.10 应为机械提供道路、水电、作业棚及停放场地等作业条件，并应消除各种安全隐患。夜间作业应提供充足的照明。

2.0.11 机械设备的地基基础承载力应满足安全使用要求。机械安装、试机、拆卸应按使用说明书的要求进行。使用前应经专业技术人员验收合格。

2.0.12 新机械、经过大修或技术改造的机械，应按出厂使用说明书的要求和现行行业标准《建筑机械技术试验规程》JGJ 34 的规定进行测试和试运转，并应符合本规程附录 A 的规定。

2.0.13 机械在寒冷季节使用，应符合本规程附录 B 的规定。

2.0.14 机械集中停放的场所、大型内燃机械，应有专人看管，并应按规定配备消防器材；机房及机械周边不得堆放易燃、易爆物品。

2.0.15 变配电所、乙炔站、氧气站、空气压缩机房、发电机房、锅炉房等易燃易爆场所，挖掘机、起重机、打桩机等易发生安全事故的施工现场，应设置警戒区域，悬挂警示标志，非工作人员不得入内。

2.0.16 在机械产生对人体有害的气体、液体、尘埃、渣滓、放射性射线、振动、噪声等场所，应配置相应的安全保护设施、监测设备（仪器）、废品处理装置；在隧道、沉井、管道等狭小空间施工时，应采取措施，使有害物控制在规定的限度内。

2.0.17 停用一个月以上或封存的机械，应做好停用或封存前的保养工作，并应采取预防风沙、雨淋、水泡、锈蚀等措施。

2.0.18 机械使用的润滑油（脂）的性能应符合出厂使用说明书的规定，并应按时更换。

2.0.19 当发生机械事故时，应立即组织抢救，并应保护事故现场，应按国家有关事故报告和调查处理规定执行。

2.0.20 违反本规程的作业指令，操作人员应拒绝执行。

2.0.21 清洁、保养、维修机械或电气装置前，必须先切断电源，等机械停稳后再进行操作。严禁带电或采用预约停送电时间的方式进行检修。

2.0.22 机械不得带病运转。检修前，应悬挂"禁止合闸，有人工作"的警示牌。

3 动力与电气装置

3.1 一般规定

3.1.1 内燃机机房应有良好的通风、防雨措施，周围应有 1m 宽以上的通道，排气管应引出室外，并不得与可燃物接触。室外使用的动力机械应搭设防护棚。

3.1.2 冷却系统的水质应保持洁净，硬水应经软化处理后使用，并应按要求定期检查更换。

3.1.3 电气设备的金属外壳应进行保护接地或保护接零，并应符合现行行业标准《施工现场临时用电安全技术规范》JGJ46 的规定。

3.1.4 在同一供电系统中，不得将一部分电气设备作保护接地，而将另一部分电气设备作保护接零。不得将暖气管、煤气管、自来水管作为工作零线或接地线使用。

3.1.5 在保护接零的零线上不得装设开关或熔断器，保护零线应采用黄/绿双色线。

3.1.6 不得利用大地作工作零线，不得借用机械本身金属结构作工作零线。

3.1.7 电气设备的每个保护接地或保护接零点应采用单独的接地（零）线与接地干线（或保护零线）相连接。不得在一个接地（零）线中串接几个接地（零）点。大型设备应设置独立的保护接零，对高度超过 30m 的垂直运输设备应设置防雷接地保护装置。

3.1.8 电气设备的额定工作电压应与电源电压等级相符。

3.1.9 电气装置遇跳闸时，不得强行合闸。应查明原因，排除故障后再行合闸。

3.1.10 各种配电箱、开关箱应配锁，电箱门上应有编号和责任人标牌，电箱门内侧应有线路图，箱内不得存放任何其他物件并应保持清洁。非本岗位作业人员不得擅自开箱合闸。每班工作完毕后，应切断电源，锁好箱门。

3.1.11 发生人身触电时，应立即切断电源后对触电者作紧急救护。不得在未切断电源之前与触电者直接接触。

3.1.12 电气设备或线路发生火警时，应首先切断电源，在未切断电源之前，人员不得接触导线或电气设备，不得用水或泡沫灭火机进行灭火。

3.2 内 燃 机

3.2.1 内燃机作业前应重点检查下列项目，并符合相应要求：

1 曲轴箱内润滑油油面应在标尺规定范围内；

2 冷却水或防冻液量应充足、清洁、无渗漏，风扇三角胶带应松紧合适；

3 燃油箱油量应充足，各油管及接头处不应有漏油现象；

4 各总成连接件应安装牢固，附件应完整。

3.2.2 内燃机启动前，离合器应处于分离位置；有减压装置的柴油机，应先打开减压阀。

3.2.3 不得用牵引法强制启动内燃机；当用摇柄启动汽油机时，应由下向上提动，不得向下硬压或连续摇转，启动后应迅速拿出摇把。当用手拉绳启动时，不得将绳的一端缠在手上。

3.2.4 启动机每次启动时间应符合使用说明书的要求，当连续启动3次仍未能启动时，应检查原因，排除故障后再启动。

3.2.5 启动后，应急速运转3min～5min，并应检查机油压力和排烟，各系统管路应无泄漏现象；应在温度和机油压力均正常后，开始作业。

3.2.6 作业中内燃机水温不得超过90℃，超过时，不应立即停机，应继续怠速运转降温。当冷却水沸腾需开启水箱盖时，操作人员应戴手套，面部应避开水箱盖口，并应先卸压，后拧开。不得用冷水注入水箱或泼浇内燃机体强制降温。

3.2.7 内燃机运行中出现异响、异味、水温急剧上升及机油压力急剧下降等情况时，应立即停机检查并排除故障。

3.2.8 停机前应卸去载荷，进行低速运转，待温度降低后再停止运转。装有涡轮增压器的内燃机，应急速运转 5min～10min 后停机。

3.2.9 有减压装置的内燃机，不得使用减压杆进行熄火停机。

3.2.10 排气管向上的内燃机，停机后应在排气管口上加盖。

3.3 发 电 机

3.3.1 以内燃机为动力的发电机，其内燃机部分的操作应按本规程第 3.2 节的有关规定执行。

3.3.2 新装、大修或停用 10d 及以上的发电机，使用前应测量定子和励磁回路的绝缘电阻及吸收比，转子绕组的绝缘电阻不得小于 0.5MΩ，吸收比不得小于 1.3，并应做好测量记录。

3.3.3 作业前应检查内燃机与发电机传动部分，并应确保连接可靠，输出线路的导线绝缘应良好，各仪表应齐全、有效。

3.3.4 启动前应将励磁变阻器的阻值放在最大位置上，应断开供电输出总开关，并应接合中性点接地开关，有离合器的发电机组应脱开离合器。内燃机启动后应空载运转，并应待运转正常后再接合发电机。

3.3.5 启动后应检查并确认发电机无异响，滑环及整流子上电刷应接触良好，不得有跳动及产生火花现象。应在运转稳定，频率、电压达到额定值后，再向外供电。用电负荷应逐步加大，三相应保持平衡。

3.3.6 不得对旋转着的发电机进行维修、清理。运转中的发电机不得使用帆布等物体遮盖。

3.3.7 发电机组电源应与外电线路电源连锁，不得与外电并联运行。

3.3.8 发电机组并联运行应满足频率、电压、相位、相序相同的条件。

3.3.9 并联线路两组以上时，应在全部进入空载状态后逐一供电。准备并联运行的发电机应在全部已进入正常稳定运转，接到"准备并联"的信号后，调整柴油机转速，并应在同步瞬间合闸。

3.3.10 并联运行的发电机组如因负荷下降而需停车一台时，应先将需停车的一台发电机的负荷全部转移到继续运转的发电机上，然后按单台发电机停车的方法进行停机。如需全部停机则应先将负荷逐步切断，然后停机。

3.3.11 移动式发电机使用前应将底架停放在平稳的基础上，不得在运转时移动发电机。

3.3.12 发电机连续运行的允许电压值不得超过额定值的±10%。正常运行的电压变动范围应在额定值的±5%以内，功率因数为额定值时，发电机额定容量应恒定不变。

3.3.13 发电机在额定频率值运行时，发电机频率变动范围不得超过±0.5Hz。

3.3.14 发电机功率因数不宜超过迟相0.95。有自动励磁调节装置的，可允许短时间内在迟相0.95～1的范围内运行。

3.3.15 发电机运行中应经常检查仪表及运转部件，发现问题应及时调整。定子、转子电流不得超过允许值。

3.3.16 停机前应先切断各供电分路开关，然后切断发电机供电主开关，逐步减少载荷，将励磁变阻器复回到电阻最大值位置，使电压降至最低值，再切断励磁开关和中性点接地开关，最后停止内燃机运转。

3.3.17 发电机经检修后应进行检查，转子及定子槽间不得留有工具、材料及其他杂物。

3.4 电 动 机

3.4.1 长期停用或可能受潮的电动机，使用前应测量绕组间和绕组对地的绝缘电阻，绝缘电阻值应大于0.5MΩ，绕线转子电动机还应检查转子绕组及滑环对地绝缘电阻。

3.4.2 电动机应装设过载和短路保护装置，并应根据设备需要装设断、错相和失压保护装置。

3.4.3 电动机的熔丝额定电流应按下列条件选择：

1 单台电动机的熔丝额定电流为电动机额定电流的150%～250%；

2 多台电动机合用的总熔丝额定电流为其中最大一台电动机额定电流的150%～250%再加上其余电动机额定电流的总和。

3.4.4 采用热继电器作电动机过载保护时，其容量应选择电动机额定电流的100%～125%。

3.4.5 绕线式转子电动机的集电环与电刷的接触面不得小于满接触面的75%。电刷高度磨损超过原标准2/3时应更换。在使用过程中不应有跳动和产生火花现象，并应定期检查电刷簧的压力确保可靠。

3.4.6 直流电动机的换向器表面应光洁，当有机械损伤或火花灼伤时应修整。

3.4.7 电动机额定电压变动范围应控制在−5%～+10%之内。

3.4.8 电动机运行中不应异响、漏电，轴承温度应正常，电刷与滑环应接触良好。旋转中电动机滑动轴承的允许最高温度应为80℃，滚动轴承的允许最高温度应为95℃。

3.4.9 电动机在正常运行中，不得突然进行反向运转。

3.4.10 电动机械在工作中遇停电时，应立即切断电源，并应将启动开关置于停止位置。

3.4.11 电动机停止运行前，应首先将载荷卸去，或将转速降到最低，然后切断电源，启动开关应置于停止位置。

3.5 空气压缩机

3.5.1 空气压缩机的内燃机和电动机的使用应符合本规程第3.2节和第3.4节的规定。

3.5.2 空气压缩机作业区应保持清洁和干燥。贮气罐应放在通风良好处，距贮气罐15m以内不得进行焊接或热加工作业。

3.5.3 空气压缩机的进排气管较长时，应加以固定，管路不得有急弯，并应设伸缩变形装置。

3.5.4 贮气罐和输气管路每 3 年应作水压试验一次，试验压力应为额定压力的 150%。压力表和安全阀应每年至少校验一次。

3.5.5 空气压缩机作业前应重点检查下列项目，并应符合相应要求：

1 内燃机燃油、润滑油应添加充足；电动机电源应正常；

2 各连接部位应紧固，各运动机构及各部阀门开闭应灵活，管路不得有漏气现象；

3 各防护装置应齐全良好，贮气罐内不得有存水；

4 电动空气压缩机的电动机及启动器外壳应接地良好，接地电阻不得大于 4Ω。

3.5.6 空气压缩机应在无载状态下启动，启动后应低速空运转，检视各仪表指示值并应确保符合要求；空气压缩机应在运转正常后，逐步加载。

3.5.7 输气胶管应保持畅通，不得扭曲，开启送气阀前，应将输气管道连接好，并应通知现场有关人员后再送气。在出气口前方不得有人。

3.5.8 作业中贮气罐内压力不得超过铭牌额定压力，安全阀应灵敏有效。进气阀、排气阀、轴承及各部件不得有异响或过热现象。

3.5.9 每工作 2h，应将液气分离器、中间冷却器、后冷却器内的油水排放一次。贮气罐内的油水每班应排放 1 次～2 次。

3.5.10 正常运转后，应经常观察各种仪表读数，并应随时按使用说明书进行调整。

3.5.11 发现下列情况之一时应立即停机检查，并应在找出原因并排除故障后继续作业：

1 漏水、漏气、漏电或冷却水突然中断；

2 压力表、温度表、电流表、转速表指示值超过规定；

3 排气压力突然升高，排气阀、安全阀失效；

4 机械有异响或电动机电刷发生强烈火花；

5　安全防护、压力控制装置及电气绝缘装置失效。

3.5.12 运转中，因缺水而使气缸过热停机时，应待气缸自然降温至60℃以下时，再进行加水作业。

3.5.13 当电动空气压缩机运转中停电时，应立即切断电源，并应在无载荷状态下重新启动。

3.5.14 空气压缩机停机时，应先卸去载荷，再分离主离合器，最后停止内燃机或电动机的运转。

3.5.15 空气压缩机停机后，在离岗前应关闭冷却水阀门，打开放气阀，放出各级冷却器和贮气罐内的油水和存气。

3.5.16 在潮湿地区及隧道中施工时，对空气压缩机外露摩擦面应定期加注润滑油，对电动机和电气设备应做好防潮保护工作。

3.6　10kV以下配电装置

3.6.1 施工电源及高低压配电装置应设专职值班人员负责运行与维护，高压巡视检查工作不得少于2人，每半年应进行一次停电检修和清扫。

3.6.2 高压油开关的瓷套管应保证完好，油箱不得有渗漏，油位、油质应正常，合闸指示器位置应正确，传动机构应灵活可靠。应定期对触头的接触情况、油质、三相合闸的同步性进行检查。

3.6.3 停用或经修理后的高压油开关，在投入运行前应全面检查，应在额定电压下作合闸、跳闸操作各3次，其动作应正确可靠。

3.6.4 隔离开关应每季度检查一次，瓷件应无裂纹和放电现象；接线柱和螺栓不应松动；刀型开关不应变形、损伤，应接触严密。三相隔离开关各相动触头与静触头应同时接触，前后相差不得大于3mm，打开角不得小于60°。

3.6.5 避雷装置在雷雨季节之前应进行一次预防性试验，并应测量接地电阻。雷电后应检查阀型避雷器的瓷瓶、连接线和地线，应确保完好无损。

3.6.6 低压电气设备和器材的绝缘电阻不得小于 0.5MΩ。

3.6.7 在易燃、易爆、有腐蚀性气体的场所应采用防爆型低压电器；在多尘和潮湿或易触及人体的场所应采用封闭型低压电器。

3.6.8 电箱及配电线路的布置应执行现行行业标准《施工现场临时用电安全技术规范》JGJ 46 的规定。

4 建筑起重机械

4.1 一般规定

4.1.1 建筑起重机械进入施工现场应具备特种设备制造许可证、产品合格证、特种设备制造监督检验证明、备案证明、安装使用说明书和自检合格证明。

4.1.2 建筑起重机械有下列情形之一时，不得出租和使用：

    1 属国家明令淘汰或禁止使用的品种、型号；

    2 超过安全技术标准或制造厂规定的使用年限；

    3 经检验达不到安全技术标准规定；

    4 没有完整安全技术档案；

    5 没有齐全有效的安全保护装置。

4.1.3 建筑起重机械的安全技术档案应包括下列内容：

    1 购销合同、特种设备制造许可证、产品合格证、特种设备制造监督检验证明、安装使用说明书、备案证明等原始资料；

    2 定期检验报告、定期自行检查记录、定期维护保养记录、维修和技术改造记录、运行故障和生产安全事故记录、累积运转记录等运行资料；

    3 历次安装验收资料。

4.1.4 建筑起重机械装拆方案的编制、审批和建筑起重机械首次使用、升节、附墙等验收应按现行有关规定执行。

4.1.5 建筑起重机械的装拆应由具有起重设备安装工程承包资质的单位施工，操作和维修人员应持证上岗。

4.1.6 建筑起重机械的内燃机、电动机和电气、液压装置部分，应按本规程第 3.2 节、3.4 节、3.6 节和附录 C 的规定执行。

4.1.7 选用建筑起重机械时，其主要性能参数、利用等级、载荷状态、工作级别等应与建筑工程相匹配。

4.1.8 施工现场应提供符合起重机械作业要求的通道和电源等工作场地和作业环境。基础与地基承载能力应满足起重机械的安全使用要求。

4.1.9 操作人员在作业前应对行驶道路、架空电线、建（构）筑物等现场环境以及起吊重物进行全面了解。

4.1.10 建筑起重机械应装有音响清晰的信号装置。在起重臂、吊钩、平衡重等转动物体上应有鲜明的色彩标志。

4.1.11 建筑起重机械的变幅限位器、力矩限制器、起重量限制器、防坠安全器、钢丝绳防脱装置、防脱钩装置以及各种行程限位开关等安全保护装置，必须齐全有效，严禁随意调整或拆除。严禁利用限制器和限位装置代替操纵机构。

4.1.12 建筑起重机械安装工、司机、信号司索工作业时应密切配合，按规定的指挥信号执行。当信号不清或错误时，操作人员应拒绝执行。

4.1.13 施工现场应采用旗语、口哨、对讲机等有效的联络措施确保通信畅通。

4.1.14 在风速达到 9.0m/s 及以上或大雨、大雪、大雾等恶劣天气时，严禁进行建筑起重机械的安装拆卸作业。

4.1.15 在风速达到 12.0m/s 及以上或大雨、大雪、大雾等恶劣天气时，应停止露天的起重吊装作业。重新作业前，应先试吊，并应确认各种安全装置灵敏可靠后进行作业。

4.1.16 操作人员进行起重机械回转、变幅、行走和吊钩升降等动作前，应发出音响信号示意。

4.1.17 建筑起重机械作业时，应在臂长的水平投影覆盖范围外设置警戒区域，并应有监护措施；起重臂和重物下方不得有人停留、工作或通过。不得用吊车、物料提升机载运人员。

4.1.18 不得使用建筑起重机械进行斜拉、斜吊和起吊埋设在地下或凝固在地面上的重物以及其他不明重量的物体。

4.1.19 起吊重物应绑扎平稳、牢固，不得在重物上再堆放或悬挂零星物件。易散落物件应使用吊笼吊运。标有绑扎位置的物件，应按标记绑扎后吊运。吊索的水平夹角宜为 45°～60°，不得小于 30°，吊索与物件棱角之间应加保护垫料。

4.1.20 起吊载荷达到起重机械额定起重量的 90％ 及以上时，应先将重物吊离地面不大于 200mm，检查起重机械的稳定性和制动可靠性，并应在确认重物绑扎牢固平稳后再继续起吊。对大体积或易晃动的重物应拴拉绳。

4.1.21 重物的吊运速度应平稳、均匀，不得突然制动。回转未停稳前，不得反向操作。

4.1.22 建筑起重机械作业时，在遇突发故障或突然停电时，应立即把所有控制器拨到零位，并及时关闭发动机或断开电源总开关，然后进行检修。起吊物不得长时间悬挂在空中，应采取措施将重物降落到安全位置。

4.1.23 起重机械的任何部位与架空输电导线的安全距离应符合现行行业标准《施工现场临时用电安全技术规范》JGJ 46 的规定。

4.1.24 建筑起重机械使用的钢丝绳，应有钢丝绳制造厂提供的质量合格证明文件。

4.1.25 建筑起重机械使用的钢丝绳，其结构形式、强度、规格等应符合起重机使用说明书的要求。钢丝绳与卷筒应连接牢固，放出钢丝绳时，卷筒上应至少保留三圈，收放钢丝绳时应防止钢丝绳损坏、扭结、弯折和乱绳。

4.1.26 钢丝绳采用编结固接时，编结部分的长度不得小于钢丝绳直径的 20 倍，并不应小于 300mm，其编结部分应用细钢丝捆扎。当采用绳卡固接时，与钢丝绳直径匹配的绳卡数量应符合表4.1.26 的规定，绳卡间距是 6 倍～7 倍钢丝绳直径，最后一个绳卡距绳头的长度不得小于 140mm。绳卡滑鞍（夹板）应在钢丝绳承载时受力的一侧，U 形螺栓应在钢丝绳的尾端，不得正反交错。绳卡初次固定后，应待钢丝绳受力后再次紧固，并宜拧紧到使尾端钢丝绳受压处直径高度压扁 1/3。作业中应经常检查紧固情况。

表 4.1.26 与绳径匹配的绳卡数

钢丝绳公称直径 （mm）	≤18	>18～26	>26～36	>36～44	>44～60
最少绳卡数（个）	3	4	5	6	7

4.1.27 每班作业前，应检查钢丝绳及钢丝绳的连接部位。钢丝绳报废标准按现行国家标准《起重机 钢丝绳 保养、维护、安装、检验和报废》GB/T 5972 的规定执行。

4.1.28 在转动的卷筒上缠绕钢丝绳时，不得用手拉或脚踩引导钢丝绳，不得给正在运转的钢丝绳涂抹润滑脂。

4.1.29 建筑起重机械报废及超龄使用应符合国家现行有关规定。

4.1.30 建筑起重机械的吊钩和吊环严禁补焊。当出现下列情况之一时应更换：

1 表面有裂纹、破口；

2 危险断面及钩颈永久变形；

3 挂绳处断面磨损超过高度 10%；

4 吊钩衬套磨损超过原厚度 50%；

5 销轴磨损超过其直径的 5%。

4.1.31 建筑起重机械使用时，每班都应对制动器进行检查。当制动器的零件出现下列情况之一时，应作报废处理：

1 裂纹；

2 制动器摩擦片厚度磨损达原厚度 50%；

3 弹簧出现塑性变形；

4 小轴或轴孔直径磨损达原直径的 5%。

4.1.32 建筑起重机械制动轮的制动摩擦面不应有妨碍制动性能的缺陷或沾染油污。制动轮出现下列情况之一时，应作报废处理：

1 裂纹；

2 起升、变幅机构的制动轮，轮缘厚度磨损大于原厚度的 40%；

    3 其他机构的制动轮，轮缘厚度磨损大于原厚度的 50%；

    4 轮面凹凸不平度达 1.5mm～2.0mm（小直径取小值，大直径取大值）。

4.2 履带式起重机

4.2.1 起重机械应在平坦坚实的地面上作业、行走和停放。作业时，坡度不得大于 3°，起重机械应与沟渠、基坑保持安全距离。

4.2.2 起重机械启动前应重点检查下列项目，并应符合相应要求：

    1 各安全防护装置及各指示仪表应齐全完好；

    2 钢丝绳及连接部位应符合规定；

    3 燃油、润滑油、液压油、冷却水等应添加充足；

    4 各连接件不得松动；

    5 在回转空间范围内不得有障碍物。

4.2.3 起重机械启动前应将主离合器分离，各操纵杆放在空挡位置。应按本规程第 3.2 节规定启动内燃机。

4.2.4 内燃机启动后，应检查各仪表指示值，应在运转正常后接合主离合器，空载运转时，应按顺序检查各工作机构及制动器，应在确认正常后作业。

4.2.5 作业时，起重臂的最大仰角不得超过使用说明书的规定。当无资料可查时，不得超过 78°。

4.2.6 起重机械变幅应缓慢平稳，在起重臂未停稳前不得变换挡位。

4.2.7 起重机械工作时，在行走、起升、回转及变幅四种动作中，应只允许不超过两种动作的复合操作。当负荷超过该工况额定负荷的 90% 及以上时，应慢速升降重物，严禁超过两种动作的复合操作和下降起重臂。

4.2.8 在重物起升过程中，操作人员应把脚放在制动踏板上，控制起升高度，防止吊钩冒顶。当重物悬停空中时，即使制动踏板被固定，仍应脚踩在制动踏板上。

4.2.9 采用双机抬吊作业时，应选用起重性能相似的起重机进行。抬吊时应统一指挥，动作应配合协调，载荷应分配合理，起吊重量不得超过两台起重机在该工况下允许起重量总和的75%，单机的起吊载荷不得超过允许载荷的80%。在吊装过程中，两台起重机的吊钩滑轮组应保持垂直状态。

4.2.10 起重机械行走时，转弯不应过急；当转弯半径过小时，应分次转弯。

4.2.11 起重机械不宜长距离负载行驶。起重机械负载时应缓慢行驶，起重量不得超过相应工况额定起重量的70%，起重臂应位于行驶方向正前方，载荷离地面高度不得大于500mm，并应拴好拉绳。

4.2.12 起重机械上、下坡道时应无载行走，上坡时应将起重臂仰角适当放小，下坡时应将起重臂仰角适当放大。下坡严禁空挡滑行。在坡道上严禁带载回转。

4.2.13 作业结束后，起重臂应转至顺风方向，并应降至40°~60°之间，吊钩应提升到接近顶端的位置，关停内燃机，并应将各操纵杆放在空挡位置，各制动器应加保险固定，操作室和机棚应关门加锁。

4.2.14 起重机械转移工地，应采用火车或平板拖车运输，所用跳板的坡度不得大于15°；起重机械装上车后，应将回转、行走、变幅等机构制动，应采用木楔楔紧履带两端，并应绑扎牢固；吊钩不得悬空摆动。

4.2.15 起重机械自行转移时，应卸去配重，拆短起重臂，主动轮应在后面，机身、起重臂、吊钩等必须处于制动位置，并应加保险固定。

4.2.16 起重机械通过桥梁、水坝、排水沟等构筑物时，应先查明允许载荷后再通过，必要时应采取加固措施。通过铁路、地下水管、电缆等设施时，应铺设垫板保护，机械在上面行走时不得转弯。

4.3 汽车、轮胎式起重机

4.3.1 起重机械工作的场地应保持平坦坚实，符合起重时的受力要求；起重机械应与沟渠、基坑保持安全距离。

4.3.2 起重机械启动前应重点检查下列项目，并应符合相应要求：

    1 各安全保护装置和指示仪表应齐全完好；

    2 钢丝绳及连接部位应符合规定；

    3 燃油、润滑油、液压油及冷却水应添加充足；

    4 各连接件不得松动；

    5 轮胎气压应符合规定；

    6 起重臂应可靠搁置在支架上。

4.3.3 起重机械启动前，应将各操纵杆放在空挡位置，手制动器应锁死，应按本规程第3.2节有关规定启动内燃机。应在怠速运转3min～5min后进行中高速运转，并应在检查各仪表指示值，确认运转正常后接合液压泵，液压达到规定值，油温超过30℃时，方可作业。

4.3.4 作业前，应全部伸出支腿，调整机体使回转支撑面的倾斜度在无载荷时不大于1/1000（水准居中）。支腿的定位销必须插上。底盘为弹性悬挂的起重机，插支腿前应先收紧稳定器。

4.3.5 作业中不得扳动支腿操纵阀。调整支腿时应在无载荷时进行，应先将起重臂转至正前方或正后方之后，再调整支腿。

4.3.6 起重作业前，应根据所吊重物的重量和起升高度，并应按起重性能曲线，调整起重臂长度和仰角；应估计吊索长度和重物本身的高度，留出适当起吊空间。

4.3.7 起重臂顺序伸缩时，应按使用说明书进行，在伸臂的同时应下降吊钩。当制动器发出警报时，应立即停止伸臂。

4.3.8 汽车式起重机变幅角度不得小于各长度所规定的仰角。

4.3.9 汽车式起重机起吊作业时，汽车驾驶室内不得有人，重物不得超越汽车驾驶室上方，且不得在车的前方起吊。

4.3.10 起吊重物达到额定起重量的 50% 及以上时，应使用低速挡。

4.3.11 作业中发现起重机倾斜、支腿不稳等异常现象时，应在保证作业人员安全的情况下，将重物降至安全的位置。

4.3.12 当重物在空中需停留较长时间时，应将起升卷筒制动锁住，操作人员不得离开操作室。

4.3.13 起吊重物达到额定起重量的 90% 以上时，严禁向下变幅，同时严禁进行两种及以上的操作动作。

4.3.14 起重机械带载回转时，操作应平稳，应避免急剧回转或急停，换向应在停稳后进行。

4.3.15 起重机械带载行走时，道路应平坦坚实，载荷应符合使用说明书的规定，重物离地面不得超过 500mm，并应拴好拉绳，缓慢行驶。

4.3.16 作业后，应先将起重臂全部缩回放在支架上，再收回支腿；吊钩应使用钢丝绳挂牢；车架尾部两撑杆应分别撑在尾部下方的支座内，并应采用螺母固定；阻止机身旋转的销式制动器应插入销孔，并应将取力器操纵手柄放在脱开位置，最后应锁住起重操作室门。

4.3.17 起重机械行驶前，应检查确认各支腿收存牢固，轮胎气压应符合规定。行驶时，发动机水温应在 80℃～90℃ 范围内，当水温未达到 80℃时，不得高速行驶。

4.3.18 起重机械应保持中速行驶，不得紧急制动，过铁道口或起伏路面时应减速，下坡时严禁空挡滑行，倒车时应有人监护指挥。

4.3.19 行驶时，底盘走台上不得有人员站立或蹲坐，不得堆放物件。

4.4 塔式起重机

4.4.1 行走式塔式起重机的轨道基础应符合下列要求：

1 路基承载能力应满足塔式起重机使用说明书要求；

2 每间隔 6m 应设轨距拉杆一个，轨距允许偏差应为公称值的 1/1000，且不得超过±3mm；

3 在纵横方向上，钢轨顶面的倾斜度不得大于 1/1000；塔机安装后，轨道顶面纵、横方向上的倾斜度，对上回转塔机不应大于 3/1000；对下回转塔机不应大于 5/1000。在轨道全程中，轨道顶面任意两点的高差应小于 100mm；

4 钢轨接头间隙不得大于 4mm，与另一侧轨道接头的错开距离不得小于 1.5m，接头处应架在轨枕上，接头两端高度差不得大于 2mm；

5 距轨道终端 1m 处应设置缓冲止挡器，其高度不应小于行走轮的半径。在轨道上应安装限位开关碰块，安装位置应保证塔机在与缓冲止挡器或与同一轨道上其他塔机相距大于 1m 处能完全停住，此时电缆线应有足够的富余长度；

6 鱼尾板连接螺栓应紧固，垫板应固定牢靠。

4.4.2 塔式起重机的混凝土基础应符合使用说明书和现行行业标准《塔式起重机混凝土基础工程技术规程》JGJ/T 187 的规定。

4.4.3 塔式起重机的基础应排水通畅，并应按专项方案与基坑保持安全距离。

4.4.4 塔式起重机应在其基础验收合格后进行安装。

4.4.5 塔式起重机的金属结构、轨道应有可靠的接地装置，接地电阻不得大于 4Ω。高位塔式起重机应设置防雷装置。

4.4.6 装拆作业前应进行检查，并应符合下列规定：

1 混凝土基础、路基和轨道铺设应符合技术要求；

2 应对所装拆塔式起重机的各机构、结构焊缝、重要部位螺栓、销轴、卷扬机构和钢丝绳、吊钩、吊具、电气设备、线路等进行检查，消除隐患；

3 应对自升塔式起重机顶升液压系统的液压缸和油管、顶升套架结构、导向轮、顶升支撑（爬爪）等进行检查，使其处于完好工况；

    4 装拆人员应使用合格的工具、安全带、安全帽；

    5 装拆作业中配备的起重机械等辅助机械应状况良好，技术性能应满足装拆作业的安全要求；

    6 装拆现场的电源电压、运输道路、作业场地等应具备装拆作业条件；

    7 安全监督岗的设置及安全技术措施的贯彻落实应符合要求。

4.4.7 指挥人员应熟悉装拆作业方案，遵守装拆工艺和操作规程，使用明确的指挥信号。参与装拆作业的人员，应听从指挥，如发现指挥信号不清或有错误时，应停止作业。

4.4.8 装拆人员应熟悉装拆工艺，遵守操作规程，当发现异常情况或疑难问题时，应及时向技术负责人汇报，不得自行处理。

4.4.9 装拆顺序、技术要求、安全注意事项应按批准的专项施工方案执行。

4.4.10 塔式起重机高强度螺栓应由专业厂家制造，并应有合格证明。高强度螺栓严禁焊接。安装高强螺栓时，应采用扭矩扳手或专用扳手，并应按装配技术要求预紧。

4.4.11 在装拆作业过程中，当遇天气剧变、突然停电、机械故障等意外情况时，应将已装拆的部件固定牢靠，并经检查确认无隐患后停止作业。

4.4.12 塔式起重机各部位的栏杆、平台、扶杆、护圈等安全防护装置应配置齐全。行走式塔式起重机的大车行走缓冲止挡器和限位开关碰块应安装牢固。

4.4.13 因损坏或其他原因而不能用正常方法拆卸塔式起重机时，应按照技术部门重新批准的拆卸方案执行。

4.4.14 塔式起重机安装过程中，应分阶段检查验收。各机构动作应正确、平稳，制动可靠，各安全装置应灵敏有效。在无载荷情况下，塔身的垂直度允许偏差应为 4/1000。

4.4.15 塔式起重机升降作业时，应符合下列规定：

1 升降作业应有专人指挥，专人操作液压系统，专人拆装螺栓。非作业人员不得登上顶升套架的操作平台。操作室内应只准一人操作；

2 升降作业应在白天进行；

3 顶升前应预先放松电缆，电缆长度应大于顶升总高度，并应紧固好电缆。下降时应适时收紧电缆；

4 升降作业前，应对液压系统进行检查和试机，应在空载状态下将液压缸活塞杆伸缩 3 次～4 次，检查无误后，再将液压缸活塞杆通过顶升梁借助顶升套架的支撑，顶起载荷 100mm～150mm，停 10min，观察液压缸载荷是否有下滑现象；

5 升降作业时，应调整好顶升套架滚轮与塔身标准节的间隙，并应按规定要求使起重臂和平衡臂处于平衡状态，将回转机构制动。当回转台与塔身标准节之间的最后一处连接螺栓（销轴）拆卸困难时，应将最后一处连接螺栓（销轴）对角方向的螺栓重新插入，再采取其他方法进行拆卸。不得用旋转起重臂的方法松动螺栓（销轴）；

6 顶升撑脚（爬爪）就位后，应及时插上安全销，才能继续升降作业；

7 升降作业完毕后，应按规定扭力紧固各连接螺栓，应将液压操纵杆扳到中间位置，并应切断液压升降机构电源。

4.4.16 塔式起重机的附着装置应符合下列规定：

1 附着建筑物的锚固点的承载能力应满足塔式起重机技术要求。附着装置的布置方式应按使用说明书的规定执行。当有变动时，应另行设计；

2 附着杆件与附着支座（锚固点）应采取销轴铰接；

3 安装附着框架和附着杆件时，应用经纬仪测量塔身垂直度，并应利用附着杆件进行调整，在最高锚固点以下垂直度允许偏差为 2/1000；

4 安装附着框架和附着支座时，各道附着装置所在平面与水平面的夹角不得超过 10°；

5 附着框架宜设置在塔身标准节连接处，并应箍紧塔身；

6 塔身顶升到规定附着间距时，应及时增设附着装置。塔身高出附着装置的自由端高度，应符合使用说明书的规定；

7 塔式起重机作业过程中，应经常检查附着装置，发现松动或异常情况时，应立即停止作业，故障未排除，不得继续作业；

8 拆卸塔式起重机时，应随着降落塔身的进程拆卸相应的附着装置。严禁在落塔之前先拆附着装置；

9 附着装置的安装、拆卸、检查和调整应有专人负责；

10 行走式塔式起重机作固定式塔式起重机使用时，应提高轨道基础的承载能力，切断行走机构的电源，并应设置阻挡行走轮移动的支座。

4.4.17 塔式起重机内爬升时应符合下列规定：

1 内爬升作业时，信号联络应通畅；

2 内爬升过程中，严禁进行塔式起重机的起升、回转、变幅等各项动作；

3 塔式起重机爬升到指定楼层后，应立即拔出塔身底座的支承梁或支腿，通过内爬升框架及时固定在结构上，并应顶紧导向装置或用楔块塞紧；

4 内爬升塔式起重机的塔身固定间距应符合使用说明书要求；

5 应对设置内爬升框架的建筑结构进行承载力复核，并应根据计算结果采取相应的加固措施。

4.4.18 雨天后，对行走式塔式起重机，应检查轨距偏差、钢轨顶面的倾斜度、钢轨的平直度、轨道基础的沉降及轨道的通过性能等；对固定式塔式起重机，应检查混凝土基础不均匀沉降。

4.4.19 根据使用说明书的要求，应定期对塔式起重机各工作机构、所有安全装置、制动器的性能及磨损情况、钢丝绳的磨损及绳端固定、液压系统、润滑系统、螺栓销轴连接处等进行检查。

4.4.20 配电箱应设置在距塔式起重机 3m 范围内或轨道中部，且明显可见；电箱中应设置带熔断式断路器及塔式起重机电源总开关；电缆卷筒应灵活有效，不得拖缆。

4.4.21 塔式起重机在无线电台、电视台或其他电磁波发射天线附近施工时，与吊钩接触的作业人员，应戴绝缘手套和穿绝缘鞋，并应在吊钩上挂接临时放电装置。

4.4.22 当同一施工地点有两台以上塔式起重机并可能互相干涉时，应制定群塔作业方案；两台塔式起重机之间的最小架设距离应保证处于低位塔式起重机的起重臂端部与另一台塔式起重机的塔身之间至少有 2m 的距离；处于高位塔式起重机的最低位置的部件（吊钩升至最高点或平衡重的最低部位）与低位塔式起重机中处于最高位置部件之间的垂直距离不应小于 2m。

4.4.23 轨道式塔式起重机作业前，应检查轨道基础平直无沉陷，鱼尾板、连接螺栓及道钉不得松动，并应清除轨道上的障碍物，将夹轨器固定。

4.4.24 塔式起重机启动应符合下列要求：

1 金属结构和工作机构的外观情况应正常；

2 安全保护装置和指示仪表应齐全完好；

3 齿轮箱、液压油箱的油位应符合规定；

4 各部位连接螺栓不得松动；

5 钢丝绳磨损应在规定范围内，滑轮穿绕应正确；

6 供电电缆不得破损。

4.4.25 送电前，各控制器手柄应在零位。接通电源后，应检查并确认不得有漏电现象。

4.4.26 作业前，应进行空载运转，试验各工作机构并确认运转正常，不得有噪声及异响，各机构的制动器及安全保护装置应灵敏有效，确认正常后方可作业。

4.4.27 起吊重物时，重物和吊具的总重量不得超过塔式起重机相应幅度下规定的起重量。

4.4.28 应根据起吊重物和现场情况，选择适当的工作速度，操纵各控制器时应从停止点（零点）开始，依次逐级增加速度，不得越挡操作。在变换运转方向时，应将控制器手柄扳到零位，待电动机停止运转后再转向另一方向，不得直接变换运转方向突然变速或制动。

4.4.29 在提升吊钩、起重小车或行走大车运行到限位装置前，应减速缓行到停止位置，并应与限位装置保持一定距离。不得采用限位装置作为停止运行的控制开关。

4.4.30 动臂式塔式起重机的变幅动作应单独进行；允许带载变幅的动臂式塔式起重机，当载荷达到额定起重量的 90% 及以上时，不得增加幅度。

4.4.31 重物就位时，应采用慢就位工作机构。

4.4.32 重物水平移动时，重物底部应高出障碍物 0.5m 以上。

4.4.33 回转部分不设集电器的塔式起重机，应安装回转限位器，在作业时，不得顺一个方向连续回转 1.5 圈。

4.4.34 当停电或电压下降时，应立即将控制器扳到零位，并切断电源。如吊钩上挂有重物，应重复放松制动器，使重物缓慢地下降到安全位置。

4.4.35 采用涡流制动调速系统的塔式起重机，不得长时间使用低速挡或慢就位速度作业。

4.4.36 遇大风停止作业时，应锁紧夹轨器，将回转机构的制动器完全松开，起重臂应能随风转动。对轻型俯仰变幅塔式起重机，应将起重臂落下并与塔身结构锁紧在一起。

4.4.37 作业中，操作人员临时离开操作室时，应切断电源。

4.4.38 塔式起重机载人专用电梯不得超员，专用电梯断绳保护装置应灵敏有效。塔式起重机作业时，不得开动电梯。电梯停用时，应降至塔身底部位置，不得长时间悬在空中。

4.4.39 在非工作状态时，应松开回转制动器，回转部分应能自由旋转；行走式塔式起重机应停放在轨道中间位置，小车及平衡重应置于非工作状态，吊钩组顶部宜上升到距起重臂底面 2m～3m 处。

4.4.40 停机时，应将每个控制器拨回零位，依次断开各开关，关闭操作室门窗；下机后，应锁紧夹轨器，断开电源总开关，打开高空障碍灯。

4.4.41 检修人员对高空部位的塔身、起重臂、平衡臂等检修时，应系好安全带。

4.4.42 停用的塔式起重机的电动机、电气柜、变阻器箱及制动器等应遮盖严密。

4.4.43 动臂式和未附着塔式起重机及附着以上塔式起重机桁架上不得悬挂标语牌。

4.5 桅杆式起重机

4.5.1 桅杆式起重机应按现行国家标准《起重机设计规范》GB/T3811 的规定进行设计，确定其使用范围及工作环境。

4.5.2 桅杆式起重机专项方案必须按规定程序审批，并应经专家论证后实施。施工单位必须指定安全技术人员对桅杆式起重机的安装、使用和拆卸进行现场监督和监测。

4.5.3 专项方案应包含下列主要内容：

   1 工程概况、施工平面布置；

   2 编制依据；

   3 施工计划；

   4 施工技术参数、工艺流程；

   5 施工安全技术措施；

   6 劳动力计划；

   7 计算书及相关图纸。

4.5.4 桅杆式起重机的卷扬机应符合本规程第 4.7 节的有关规定。

4.5.5 桅杆式起重机的安装和拆卸应划出警戒区，清除周围的障碍物，在专人统一指挥下，应按使用说明书和装拆方案进行。

4.5.6 桅杆式起重机的基础应符合专项方案的要求。

4.5.7 缆风绳的规格、数量及地锚的拉力、埋设深度等应按照起重机性能经过计算确定，缆风绳与地面的夹角不得大于 60°，缆绳与桅杆和地锚的连接应牢固。地锚不得使用膨胀螺栓、定滑轮。

4.5.8 缆风绳的架设应避开架空电线。在靠近电线的附近，应设置绝缘材料搭设的护线架。

4.5.9 桅杆式起重机安装后应进行试运转，使用前应组织验收。

4.5.10 提升重物时，吊钩钢丝绳应垂直，操作应平稳；当重物吊起离开支承面时，应检查并确认各机构工作正常后，继续起吊。

4.5.11 在起吊额定起重量的 90% 及以上重物前，应安排专人检查地锚的牢固程度。起吊时，缆风绳应受力均匀，主杆应保持直立状态。

4.5.12 作业时，桅杆式起重机的回转钢丝绳应处于拉紧状态。回转装置应有安全制动控制器。

4.5.13 桅杆式起重机移动时，应用满足承重要求的枕木排和滚杠垫在底座，并将起重臂收紧处于移动方向的前方。移动时，桅杆不得倾斜，缆风绳的松紧应配合一致。

4.5.14 缆风钢丝绳安全系数不应小于 3.5，起升、锚固、吊索钢丝绳安全系数不应小于 8。

4.6 门式、桥式起重机与电动葫芦

4.6.1 起重机路基和轨道的铺设应符合使用说明书的规定，轨道接地电阻不得大于 4Ω。

4.6.2 门式起重机的电缆应设有电缆卷筒，配电箱应设置在轨道中部。

4.6.3 用滑线供电的起重机应在滑线的两端标有鲜明的颜色，滑线应设置防护装置，防止人员及吊具钢丝绳与滑线意外接触。

4.6.4 轨道应平直，鱼尾板连接螺栓不得松动，轨道和起重机运行范围内不得有障碍物。

4.6.5 门式、桥式起重机作业前应重点检查下列项目，并应符

合相应要求：

    1 机械结构外观应正常，各连接件不得松动；

    2 钢丝绳外表情况应良好，绳卡应牢固；

    3 各安全限位装置应齐全完好。

4.6.6 操作室内应垫木板或绝缘板，接通电源后应采用试电笔测试金属结构部分，并应确认无漏电现象；上、下操作室应使用专用扶梯。

4.6.7 作业前，应进行空载试运转，检查并确认各机构运转正常，制动可靠，各限位开关灵敏有效。

4.6.8 在提升大件时不得用快速，并应拴拉绳防止摆动。

4.6.9 吊运易燃、易爆、有害等危险品时，应经安全主管部门批准，并应有相应的安全措施。

4.6.10 吊运路线不得从人员、设备上面通过；空车行走时，吊钩应离地面 2m 以上。

4.6.11 吊运重物应平稳、慢速，行驶中不得突然变速或倒退。两台起重机同时作业时，应保持 5m 以上距离。不得用一台起重机顶推另一台起重机。

4.6.12 起重机行走时，两侧驱动轮应保持同步，发现偏移应及时停止作业，调整修理后继续使用。

4.6.13 作业中，人员不得从一台桥式起重机跨越到另一台桥式起重机。

4.6.14 操作人员进入桥架前应切断电源。

4.6.15 门式、桥式起重机的主梁挠度超过规定值时，应修复后使用。

4.6.16 作业后，门式起重机应停放在停机线上，用夹轨器锁紧；桥式起重机应将小车停放在两条轨道中间，吊钩提升到上部位置。吊钩上不得悬挂重物。

4.6.17 作业后，应将控制器拨到零位，切断电源，应关闭并锁好操作室门窗。

4.6.18 电动葫芦使用前应检查机械部分和电气部分，钢丝绳、链条、吊钩、限位器等应完好，电气部分应无漏电，接地装置应良好。

4.6.19 电动葫芦应设缓冲器，轨道两端应设挡板。

4.6.20 第一次吊重物时，应在吊离地面 100mm 时停止上升，检查电动葫芦制动情况，确认完好后再正式作业。露天作业时，电动葫芦应设有防雨棚。

4.6.21 电动葫芦起吊时，手不得握在绳索与物体之间，吊物上升时应防止冲顶。

4.6.22 电动葫芦吊重物行走时，重物离地不宜超过 1.5m 高。工作间歇不得将重物悬挂在空中。

4.6.23 电动葫芦作业中发生异味、高温等异常情况时，应立即停机检查，排除故障后继续使用。

4.6.24 使用悬挂电缆电气控制开关时，绝缘应良好，滑动应自如，人站立位置的后方应有 2m 的空地，并应能正确操作电钮。

4.6.25 在起吊中，由于故障造成重物失控下滑时，应采取紧急措施，向无人处下放重物。

4.6.26 在起吊中不得急速升降。

4.6.27 电动葫芦在额定载荷制动时，下滑位移量不应大于 80mm。

4.6.28 作业完毕后，电动葫芦应停放在指定位置，吊钩升起，并切断电源，锁好开关箱。

4.7 卷 扬 机

4.7.1 卷扬机地基与基础应平整、坚实，场地应排水畅通，地锚应设置可靠。卷扬机应搭设防护棚。

4.7.2 操作人员的位置应在安全区域，视线应良好。

4.7.3 卷扬机卷筒中心线与导向滑轮的轴线应垂直，且导向滑轮的轴线应在卷筒中心位置，钢丝绳的出绳偏角应符合表 4.7.3 的规定。

表 4.7.3 卷扬机钢丝绳出绳偏角限值

排绳方式	槽面卷筒	光面卷筒	
		自然排绳	排绳器排绳
出绳偏角	≤4°	≤2°	≤4°

4.7.4 作业前，应检查卷扬机与地面的固定、弹性联轴器的连接应牢固，并应检查安全装置、防护设施、电气线路、接零或接地装置、制动装置和钢丝绳等并确认全部合格后再使用。

4.7.5 卷扬机至少应装有一个常闭式制动器。

4.7.6 卷扬机的传动部分及外露的运动件应设防护罩。

4.7.7 卷扬机应在司机操作方便的地方安装能迅速切断总控制电源的紧急断电开关，并不得使用倒顺开关。

4.7.8 钢丝绳卷绕在卷筒上的安全圈数不得少于3圈。钢丝绳末端应固定可靠。不得用手拉钢丝绳的方法卷绕钢丝绳。

4.7.9 钢丝绳不得与机架、地面摩擦，通过道路时，应设过路保护装置。

4.7.10 建筑施工现场不得使用摩擦式卷扬机。

4.7.11 卷筒上的钢丝绳应排列整齐，当重叠或斜绕时，应停机重新排列，不得在转动中用手拉脚踩钢丝绳。

4.7.12 作业中，操作人员不得离开卷扬机，物件或吊笼下面不得有人员停留或通过。休息时，应将物件或吊笼降至地面。

4.7.13 作业中如发现异响、制动失灵、制动带或轴承等温度剧烈上升等异常情况时，应立即停机检查，排除故障后再使用。

4.7.14 作业中停电时，应将控制手柄或按钮置于零位，并应切断电源，将物件或吊笼降至地面。

4.7.15 作业完毕，应将物件或吊笼降至地面，并应切断电源，锁好开关箱。

4.8 井架、龙门架物料提升机

4.8.1 进入施工现场的井架、龙门架必须具有下列安全装置：

1 上料口防护棚；

2 层楼安全门、吊篮安全门、首层防护门；

3 断绳保护装置或防坠装置；

4 安全停靠装置；

5 起重量限制器；

6 上、下限位器；

7 紧急断电开关、短路保护、过电流保护、漏电保护；

8 信号装置；

9 缓冲器。

4.8.2 卷扬机应符合本规程第 4.7 节的有关规定。

4.8.3 基础应符合使用说明书要求。缆风绳不得使用钢筋、钢管。

4.8.4 提升机的制动器应灵敏可靠。

4.8.5 运行中吊篮的四角与井架不得互相擦碰，吊篮各构件连接应牢固、可靠。

4.8.6 井架、龙门架物料提升机不得和脚手架连接。

4.8.7 不得使用吊篮载人，吊篮下方不得有人员停留或通过。

4.8.8 作业后，应检查钢丝绳、滑轮、滑轮轴和导轨等，发现异常磨损，应及时修理或更换。

4.8.9 下班前，应将吊篮降到最低位置，各控制开关置于零位，切断电源，锁好开关箱。

4.9 施工升降机

4.9.1 施工升降机基础应符合使用说明书要求，当使用说明书无要求时，应经专项设计计算，地基上表面平整度允许偏差为10mm，场地应排水通畅。

4.9.2 施工升降机导轨架的纵向中心线至建筑物外墙面的距离宜选用使用说明书中提供的较小的安装尺寸。

4.9.3 安装导轨架时，应采用经纬仪在两个方向进行测量校准。其垂直度允许偏差应符合表 4.9.3 的规定。

表 4.9.3 施工升降机导轨架垂直度

架设高度 H（m）	H≤70	70＜H≤100	100＜H≤150	150＜H≤200	H＞200
垂直度偏差（mm）	≤1/1000H	≤70	≤90	≤110	≤130

4.9.4 导轨架自由高度、导轨架的附墙距离、导轨架的两附墙连接点间距离和最低附墙点高度不得超过使用说明书的规定。

4.9.5 施工升降机应设置专用开关箱，馈电容量应满足升降机直接启动的要求，生产厂家配置的电气箱内应装设短路、过载、错相、断相及零位保护装置。

4.9.6 施工升降机周围应设置稳固的防护围栏。楼层平台通道应平整牢固，出入口应设防护门。全行程不得有危害安全运行的障碍物。

4.9.7 施工升降机安装在建筑物内部井道中时，各楼层门应封闭并应有电气连锁装置。装设在阴暗处或夜班作业的施工升降机，在全行程上应有足够的照明，并应装设明亮的楼层编号标志灯。

4.9.8 施工升降机的防坠安全器应在标定期限内使用，标定期限不应超过一年。使用中不得任意拆检调整防坠安全器。

4.9.9 施工升降机使用前，应进行坠落试验。施工升降机在使用中每隔 3 个月，应进行一次额定载重量的坠落试验，试验程序应按使用说明书规定进行，吊笼坠落试验制动距离应符合现行行业标准《施工升降机齿轮锥鼓形渐进式防坠安全器》JG 121 的规定。防坠安全器试验后及正常操作中，每发生一次防坠动作，应由专业人员进行复位。

4.9.10 作业前应重点检查下列项目，并应符合相应要求：

　　1 结构不得有变形，连接螺栓不得松动；

　　2 齿条与齿轮、导向轮与导轨应接合正常；

　　3 钢丝绳应固定良好，不得有异常磨损；

　　4 运行范围内不得有障碍；

　　5 安全保护装置应灵敏可靠。

4.9.11 启动前，应检查并确认供电系统、接地装置安全有效，控制开关应在零位。电源接通后，应检查并确认电压正常。应试验并确认各限位装置、吊笼、围护门等处的电气连锁装置良好可靠，电气仪表应灵敏有效。作业前应进行试运行，测定各机构制动器的效能。

4.9.12 施工升降机应按使用说明书要求，进行维护保养，并应定期检验制动器的可靠性，制动力矩应达到使用说明书要求。

4.9.13 吊笼内乘人或载物时，应使载荷均匀分布，不得偏重，不得超载运行。

4.9.14 操作人员应按指挥信号操作。作业前应鸣笛示警。在施工升降机未切断总电源开关前，操作人员不得离开操作岗位。

4.9.15 施工升降机运行中发现有异常情况时，应立即停机并采取有效措施将吊笼就近停靠楼层，排除故障后再继续运行。在运行中发现电气失控时，应立即按下急停按钮，在未排除故障前，不得打开急停按钮。

4.9.16 在风速达到 20m/s 及以上大风、大雨、大雾天气以及导轨架、电缆等结冰时，施工升降机应停止运行，并将吊笼降到底层，切断电源。暴风雨等恶劣天气后，应对施工升降机各有关安全装置等进行一次检查，确认正常后运行。

4.9.17 施工升降机运行到最上层或最下层时，不得用行程限位开关作为停止运行的控制开关。

4.9.18 当施工升降机在运行中由于断电或其他原因而中途停止时，可进行手动下降，将电动机尾端制动电磁铁手动释放拉手缓缓向外拉出，使吊笼缓慢地向下滑行。吊笼下滑时，不得超过额定运行速度，手动下降应由专业维修人员进行操纵。

4.9.19 当需在吊笼的外面进行检修时，另外一个吊笼应停机配合，检修时应切断电源，并应有专人监护。

4.9.20 作业后，应将吊笼降到底层，各控制开关拨到零位，切断电源，锁好开关箱，闭锁吊笼门和围护门。

5 土石方机械

5.1 一般规定

5.1.1 土石方机械的内燃机、电动机和液压装置的使用，应符合本规程第3.2节、第3.4节和附录C的规定。

5.1.2 机械进入现场前，应查明行驶路线上的桥梁、涵洞的上部净空和下部承载能力，确保机械安全通过。

5.1.3 机械通过桥梁时，应采用低速挡慢行，在桥面上不得转向或制动。

5.1.4 作业前，必须查明施工场地内明、暗铺设的各类管线等设施，并应采用明显记号标识。严禁在离地下管线、承压管道1m距离以内进行大型机械作业。

5.1.5 作业中，应随时监视机械各部位的运转及仪表指示值，如发现异常，应立即停机检修。

5.1.6 机械运行中，不得接触转动部位。在修理工作装置时，应将工作装置降到最低位置，并应将悬空工作装置垫上垫木。

5.1.7 在电杆附近取土时，对不能取消的拉线、地垄和杆身，应留出土台，土台大小应根据电杆结构、掩埋深度和土质情况由技术人员确定。

5.1.8 机械与架空输电线路的安全距离应符合现行行业标准《施工现场临时用电安全技术规范》JGJ 46 的规定。

5.1.9 在施工中遇下列情况之一时应立即停工：

    1 填挖区土体不稳定，土体有可能坍塌；

    2 地面涌水冒浆，机械陷车，或因雨水机械在坡道打滑；

    3 遇大雨、雷电、浓雾等恶劣天气；

    4 施工标志及防护设施被损坏；

    5 工作面安全净空不足。

5.1.10 机械回转作业时，配合人员必须在机械回转半径以外工作。当需在回转半径以内工作时，必须将机械停止回转并制动。

5.1.11 雨期施工时，机械应停放在地势较高的坚实位置。

5.1.12 机械作业不得破坏基坑支护系统。

5.1.13 行驶或作业中的机械，除驾驶室外的任何地方不得有乘员。

5.2 单斗挖掘机

5.2.1 单斗挖掘机的作业和行走场地应平整坚实，松软地面应用枕木或垫板垫实，沼泽或淤泥场地应进行路基处理，或更换专用湿地履带。

5.2.2 轮胎式挖掘机使用前应支好支腿，并应保持水平位置，支腿应置于作业面的方向，转向驱动桥应置于作业面的后方。履带式挖掘机的驱动轮应置于作业面的后方。采用液压悬挂装置的挖掘机，应锁住两个悬挂液压缸。

5.2.3 作业前应重点检查下列项目，并应符合相应要求：

1 照明、信号及报警装置等应齐全有效；

2 燃油、润滑油、液压油应符合规定；

3 各铰接部分应连接可靠；

4 液压系统不得有泄漏现象；

5 轮胎气压应符合规定。

5.2.4 启动前，应将主离合器分离，各操纵杆放在空挡位置，并应发出信号，确认安全后启动设备。

5.2.5 启动后，应先使液压系统从低速到高速空载循环 10min～20min，不得有吸空等不正常噪声，并应检查各仪表指示值，运转正常后再接合主离合器，再进行空载运转，顺序操纵各工作机构并测试各制动器，确认正常后开始作业。

5.2.6 作业时，挖掘机应保持水平位置，行走机构应制动，履带或轮胎应揳紧。

5.2.7 平整场地时，不得用铲斗进行横扫或用铲斗对地面进行夯实。

5.2.8 挖掘岩石时，应先进行爆破。挖掘冻土时，应采用破冰锤或爆破法使冻土层破碎。不得用铲斗破碎石块、冻土，或用单边斗齿硬啃。

5.2.9 挖掘机最大开挖高度和深度，不应超过机械本身性能规定。在拉铲或反铲作业时，履带式挖掘机的履带与工作面边缘距离应大于 1.0m，轮胎式挖掘机的轮胎与工作面边缘距离应大于 1.5m。

5.2.10 在坑边进行挖掘作业，当发现有塌方危险时，应立即处理险情，或将挖掘机撤至安全地带。坑边不得留有伞状边沿及松动的大块石。

5.2.11 挖掘机应停稳后再进行挖土作业。当铲斗未离开工作面时，不得作回转、行走等动作。应使用回转制动器进行回转制动，不得用转向离合器反转制动。

5.2.12 作业时，各操纵过程应平稳，不宜紧急制动。铲斗升降不得过猛，下降时，不得撞碰车架或履带。

5.2.13 斗臂在抬高及回转时，不得碰到坑、沟侧壁或其他物体。

5.2.14 挖掘机向运土车辆装车时，应降低卸落高度，不得偏装或砸坏车厢。回转时，铲斗不得从运输车辆驾驶室顶上越过。

5.2.15 作业中，当液压缸将伸缩到极限位置时，应动作平稳，不得冲撞极限块。

5.2.16 作业中，当需制动时，应将变速阀置于低速挡位置。

5.2.17 作业中，当发现挖掘力突然变化，应停机检查，不得在未查明原因前调整分配阀的压力。

5.2.18 作业中，不得打开压力表开关，且不得将工况选择阀的操纵手柄放在高速挡位置。

5.2.19 挖掘机应停稳后再反铲作业，斗柄伸出长度应符合规定要求，提斗应平稳。

5.2.20 作业中，履带式挖掘机短距离行走时，主动轮应在后面，斗臂应在正前方与履带平行，并应制动回转机构。坡道坡度不得超过机械允许的最大坡度。下坡时应慢速行驶。不得在坡道上变速和空挡滑行。

5.2.21 轮胎式挖掘机行驶前，应收回支腿并固定可靠，监控仪表和报警信号灯应处于正常显示状态。轮胎气压应符合规定，工作装置应处于行驶方向，铲斗宜离地面 1m。长距离行驶时，应将回转制动板踩下，并应采用固定销锁定回转平台。

5.2.22 挖掘机在坡道上行走时熄火，应立即制动，并应揿住履带或轮胎，重新发动后，再继续行走。

5.2.23 作业后，挖掘机不得停放在高边坡附近或填方区，应停放在坚实、平坦、安全的位置，并应将铲斗收回平放在地面，所有操纵杆置于中位，关闭操作室和机棚。

5.2.24 履带式挖掘机转移工地应采用平板拖车装运。短距离自行转移时，应低速行走。

5.2.25 保养或检修挖掘机时，应将内燃机熄火，并将液压系统卸荷，铲斗落地。

5.2.26 利用铲斗将底盘顶起进行检修时，应使用垫木将抬起的履带或轮胎垫稳，用木楔将落地履带或轮胎揿牢，然后再将液压系统卸荷，否则不得进入底盘下工作。

5.3 挖掘装载机

5.3.1 挖掘装载机的挖掘及装载作业应符合本规程第 5.2 节及第 5.10 节的规定。

5.3.2 挖掘作业前应先将装载斗翻转，使斗口朝地，并使前轮稍离开地面，踏下并锁住制动踏板，然后伸出支腿，使后轮离地并保持水平位置。

5.3.3 挖掘装载机在边坡卸料时，应有专人指挥，挖掘装载机轮胎距边坡缘的距离应大于 1.5m。

5.3.4 动臂后端的缓冲块应保持完好；损坏时，应修复后使用。

5.3.5 作业时，应平稳操纵手柄；支臂下降时不宜中途制动。

挖掘时不得使用高速挡。

5.3.6 应平稳回转挖掘装载机，并不得用装载斗砸实沟槽的侧面。

5.3.7 挖掘装载机移位时，应将挖掘装置处于中间运输状态，收起支腿，提起提升臂。

5.3.8 装载作业前，应将挖掘装置的回转机构置于中间位置，并应采用拉板固定。

5.3.9 在装载过程中，应使用低速挡。

5.3.10 铲斗提升臂在举升时，不应使用阀的浮动位置。

5.3.11 前四阀用于支腿伸缩和装载的作业与后四阀用于回转和挖掘的作业不得同时进行。

5.3.12 行驶时，不应高速和急转弯。下坡时不得空挡滑行。

5.3.13 行驶时，支腿应完全收回，挖掘装置应固定牢靠，装载装置宜放低，铲斗和斗柄液压活塞杆应保持完全伸张位置。

5.3.14 挖掘装载机停放时间超过 1h，应支起支腿，使后轮离地；停放时间超过 1d 时，应使后轮离地，并应在后悬架下面用垫块支撑。

5.4 推 土 机

5.4.1 推土机在坚硬土壤或多石土壤地带作业时，应先进行爆破或用松土器翻松。在沼泽地带作业时，应更换专用湿地履带板。

5.4.2 不得用推土机推石灰、烟灰等粉尘物料，不得进行碾碎石块的作业。

5.4.3 牵引其他机构设备时，应有专人负责指挥。钢丝绳的连接应牢固可靠。在坡道或长距离牵引时，应采用牵引杆连接。

5.4.4 作业前应重点检查下列项目，并应符合相应要求：

    1 各部件不得松动，应连接良好；

    2 燃油、润滑油、液压油等应符合规定；

    3 各系统管路不得有裂纹或泄漏；

4 各操纵杆和制动踏板的行程、履带的松紧度或轮胎气压应符合要求。

5.4.5 启动前，应将主离合器分离，各操纵杆放在空挡位置，并应按照本规程第 3.2 节的规定启动内燃机，不得用拖、顶方式启动。

5.4.6 启动后应检查各仪表指示值、液压系统，并确认运转正常，当水温达到 55℃、机油温度达到 45℃时，全载荷作业。

5.4.7 推土机机械四周不得有障碍物，并确认安全后开动，工作时不得有人站在履带或刀片的支架上。

5.4.8 采用主离合器传动的推土机接合应平稳，起步不得过猛，不得使离合器处于半接合状态下运转；液力传动的推土机，应先解除变速杆的锁紧状态，踏下减速器踏板，变速杆应在低挡位，然后缓慢释放减速踏板。

5.4.9 在块石路面行驶时，应将履带张紧。当需要原地旋转或急转弯时，应采用低速挡。当行走机构夹入块石时，应采用正、反向往复行驶使块石排除。

5.4.10 在浅水地带行驶或作业时，应查明水深，冷却风扇叶不得接触水面。下水前和出水后，应对行走装置加注润滑脂。

5.4.11 推土机上、下坡或超过障碍物时应采用低速挡。推土机上坡坡度不得超过 25°，下坡坡度不得大于 35°，横向坡度不得大于 10°。在 25°以上的陡坡上不得横向行驶，并不得急转弯。上坡时不得换挡，下坡不得空挡滑行。当需要在陡坡上推土时，应先进行填挖，使机身保持平衡。

5.4.12 在上坡途中，当内燃机突然熄灭，应立即放下铲刀，并锁住制动踏板。在推土机停稳后，将主离合器脱开，把变速杆放到空挡位置，并应用木块将履带或轮胎撅死后，重新启动内燃机。

5.4.13 下坡时，当推土机下行速度大于内燃机传动速度时，转向操纵的方向应与平地行走时操纵的方向相反，并不得使用制动器。

5.4.14 填沟作业驶近边坡时，铲刀不得越出边缘。后退时，应先换挡，后提升铲刀进行倒车。

5.4.15 在深沟、基坑或陡坡地区作业时，应有专人指挥，垂直边坡高度应小于 2m。当大于 2m 时，应放出安全边坡，同时禁止用推土刀侧面推土。

5.4.16 推土或松土作业时，不得超载，各项操作应缓慢平稳，不得损坏铲刀、推土架、松土器等装置；无液力变矩器装置的推土机，在作业中有超载趋势时，应稍微提升刀片或变换低速挡。

5.4.17 不得顶推与地基基础连接的钢筋混凝土桩等建筑物。顶推树木等物体不得倒向推土机及高空架设物。

5.4.18 两台以上推土机在同一地区作业时，前后距离应大于 8.0m；左右距离应大于 1.5m。在狭窄道路上行驶时，未得前机同意，后机不得超越。

5.4.19 作业完毕后，宜将推土机开到平坦安全的地方，并应将铲刀、松土器落到地面。在坡道上停机时，应将变速杆挂低速挡，接合主离合器，锁住制动踏板，并将履带或轮胎揳住。

5.4.20 停机时，应先降低内燃机转速，变速杆放在空挡，锁紧液力传动的变速杆，分开主离合器，踏下制动踏板并锁紧，在水温降到 75℃ 以下、油温降到 90℃ 以下后熄火。

5.4.21 推土机长途转移工地时，应采用平板拖车装运。短途行走转移距离不宜超过 10km，铲刀距地面宜为 400mm，不得用高速挡行驶和进行急转弯，不得长距离倒退行驶。

5.4.22 在推土机下面检修时，内燃机应熄火，铲刀应落到地面或垫稳。

5.5 拖式铲运机

5.5.1 拖式铲运机牵引使用时应符合本规程第 5.4 节的有关规定。

5.5.2 铲运机作业时，应先采用松土器翻松。铲运作业区内不得有树根、大石块和大量杂草等。

5.5.3 铲运机行驶道路应平整坚实，路面宽度应比铲运机宽度大 2m。

5.5.4 启动前，应检查钢丝绳、轮胎气压、铲土斗及卸土板回缩弹簧、拖把万向接头、撑架以及各部滑轮等，并确认处于正常工作状态；液压式铲运机铲斗和拖拉机连接叉座与牵引连接块应锁定，各液压管路应连接可靠。

5.5.5 开动前，应使铲斗离开地面，机械周围不得有障碍物。

5.5.6 作业中，严禁人员上下机械，传递物件，以及在铲斗内、拖把或机架上坐立。

5.5.7 多台铲运机联合作业时，各机之间前后距离应大于 10m（铲土时应大于 5m），左右距离应大于 2m，并应遵守下坡让上坡、空载让重载、支线让干线的原则。

5.5.8 在狭窄地段运行时，未经前机同意，后机不得超越。两机交会或超车时应减速，两机左右间距应大于 0.5m。

5.5.9 铲运机上、下坡道时，应低速行驶，不得中途换挡，下坡时不得空挡滑行，行驶的横向坡度不得超过 6°，坡宽应大于铲运机宽度 2m。

5.5.10 在新填筑的土堤上作业时，离堤坡边缘应大于 1m。当需在斜坡横向作业时，应先将斜坡挖填平整，使机身保持平衡。

5.5.11 在坡道上不得进行检修作业。在陡坡上不得转弯、倒车或停车。在坡上熄火时，应将铲斗落地、制动牢靠后再启动。下陡坡时，应将铲斗触地行驶，辅助制动。

5.5.12 铲土时，铲土与机身应保持直线行驶。助铲时应有助铲装置，并应正确开启斗门，不得切土过深。两机动作应协调配合，平稳接触，等速助铲。

5.5.13 在下陡坡铲土时，铲斗装满后，在铲斗后轮未达到缓坡地段前，不得将铲斗提离地面，应防铲斗快速下滑冲击主机。

5.5.14 在不平地段行驶时，应放低铲斗，不得将铲斗提升到高位。

5.5.15 拖拉陷车时，应有专人指挥，前后操作人员应配合协调，确认安全后起步。

5.5.16 作业后，应将铲运机停放在平坦地面，并应将铲斗落在地面上。液压操纵的铲运机应将液压缸缩回，将操纵杆放在中间位置，进行清洁、润滑后，锁好门窗。

5.5.17 非作业行驶时，铲斗应用锁紧链条挂牢在运输行驶位置上；拖式铲运机不得载人或装载易燃、易爆物品。

5.5.18 修理斗门或在铲斗下检修作业时，应将铲斗提起后用销子或锁紧链条固定，再采用垫木将斗身顶住，并应采用木楔楔住轮胎。

5.6 自行式铲运机

5.6.1 自行式铲运机的行驶道路应平整坚实，单行道宽度不宜小于 5.5m。

5.6.2 多台铲运机联合作业时，前后距离不得小于 20m，左右距离不得小于 2m。

5.6.3 作业前，应检查铲运机的转向和制动系统，并确认灵敏可靠。

5.6.4 铲土或在利用推土机助铲时，应随时微调转向盘，铲运机应始终保持直线前进。不得在转弯情况下铲土。

5.6.5 下坡时，不得空挡滑行，应踩下制动踏板辅助以内燃机制动，必要时可放下铲斗，以降低下滑速度。

5.6.6 转弯时，应采用较大回转半径低速转向，操纵转向盘不得过猛；当重载行驶或在弯道上、下坡时，应缓慢转向。

5.6.7 不得在大于 15° 的横坡上行驶，也不得在横坡上铲土。

5.6.8 沿沟边或填方边坡作业时，轮胎离路肩不得小于 0.7m，并应放低铲斗，降速缓行。

5.6.9 在坡道上不得进行检修作业。遇在坡道上熄火时，应立即制动，下降铲斗，把变速杆放在空挡位置，然后启动内燃机。

5.6.10 穿越泥泞或松软地面时，铲运机应直线行驶，当一侧轮胎打滑时，可踏下差速器锁止踏板。当离开不良地面时，应停止使用差速器锁止踏板。不得在差速器锁止时转弯。

5.6.11 夜间作业时，前后照明应齐全完好，前大灯应能照至30m；非作业行驶时，应符合本规程第 5.5.17 条的规定。

5.7 静作用压路机

5.7.1 压路机碾压的工作面，应经过适当平整，对新填的松软土，应先用羊足碾或打夯机逐层碾压或夯实后，再用压路机碾压。

5.7.2 工作地段的纵坡不应超过压路机最大爬坡能力，横坡不应大于 20°。

5.7.3 应根据碾压要求选择机种。当光轮压路机需要增加机重时，可在滚轮内加砂或水。当气温降至 0℃ 及以下时，不得用水增重。

5.7.4 轮胎压路机不宜在大块石基层上作业。

5.7.5 作业前，应检查并确认滚轮的刮泥板应平整良好，各紧固件不得松动；轮胎压路机应检查轮胎气压，确认正常后启动。

5.7.6 启动后，应检查制动性能及转向功能并确认灵敏可靠。开动前，压路机周围不得有障碍物或人员。

5.7.7 不得用压路机拖拉任何机械或物件。

5.7.8 碾压时应低速行驶。速度宜控制在 3km/h～4km/h 范围内，在一个碾压行程中不得变速。碾压过程中应保持正确的行驶方向，碾压第二行时应与第一行重叠半个滚轮压痕。

5.7.9 变换压路机前进、后退方向应在滚轮停止运动后进行。不得将换向离合器当作制动器使用。

5.7.10 在新建场地上进行碾压时，应从中间向两侧碾压。碾压时，距场地边缘不应少于 0.5m。

5.7.11 在坑边碾压施工时，应由里侧向外侧碾压，距坑边不应少于 1m。

5.7.12 上下坡时，应事先选好挡位，不得在坡上换挡，下坡时不得空挡滑行。

5.7.13 两台以上压路机同时作业时，前后间距不得小于 3m，在坡道上不得纵队行驶。

5.7.14 在行驶中，不得进行修理或加油。需要在机械底部进行修理时，应将内燃机熄火，刹车制动，并揳住滚轮。

5.7.15 对有差速器锁定装置的三轮压路机，当只有一只轮子打滑时，可使用差速器锁定装置，但不得转弯。

5.7.16 作业后，应将压路机停放在平坦坚实的场地，不得停放在软土路边缘及斜坡上，并不得妨碍交通，并应锁定制动。

5.7.17 严寒季节停机时，宜采用木板将滚轮垫离地面，应防止滚轮与地面冻结。

5.7.18 压路机转移距离较远时，应采用汽车或平板拖车装运。

5.8 振动压路机

5.8.1 作业时，压路机应先起步后起振，内燃机应先置于中速，然后再调至高速。

5.8.2 压路机换向时应先停机；压路机变速时应降低内燃机转速。

5.8.3 压路机不得在坚实的地面上进行振动。

5.8.4 压路机碾压松软路基时，应先碾压 1 遍～2 遍后再振动碾压。

5.8.5 压路机碾压时，压路机振动频率应保持一致。

5.8.6 换向离合器、起振离合器和制动器的调整，应在主离合器脱开后进行。

5.8.7 上下坡时或急转弯时不得使用快速挡。铰接式振动压路机在转弯半径较小绕圈碾压时不得使用快速挡。

5.8.8 压路机在高速行驶时不得接合振动。

5.8.9 停机时应先停振，然后将换向机构置于中间位置，变速器置于空挡，最后拉起手制动操纵杆。

5.8.10 振动压路机的使用除应符合本节要求外，还应符合本规程第 5.7 节的有关规定。

5.9 平 地 机

5.9.1 起伏较大的地面宜先用推土机推平，再用平地机平整。

5.9.2 平地机作业区内不得有树根、大石块等障碍物。

5.9.3 作业前应按本规程第 5.2.3 条的规定进行检查。

5.9.4 平地机不得用于拖拉其他机械。

5.9.5 启动内燃机后，应检查各仪表指示值并应符合要求。

5.9.6 开动平地机时，应鸣笛示意，并确认机械周围不得有障碍物及行人，用低速挡起步后，应测试并确认制动器灵敏有效。

5.9.7 作业时，应先将刮刀下降到接近地面，起步后再下降刮刀铲土。铲土时，应根据铲土阻力大小，随时调整刮刀的切土深度。

5.9.8 刮刀的回转、铲土角的调整及向机外侧斜，应在停机时进行；刮刀左右端的升降动作，可在机械行驶中调整。

5.9.9 刮刀角铲土和齿耙松地时应采用一挡速度行驶；刮土和平整作业时应用二、三挡速度行驶。

5.9.10 土质坚实的地面应先用齿耙翻松，翻松时应缓慢下齿。

5.9.11 使用平地机清除积雪时，应在轮胎上安装防滑链，并应探明工作面的深坑、沟槽位置。

5.9.12 平地机在转弯或调头时，应使用低速挡；在正常行驶时，应使用前轮转向；当场地特别狭小时，可使用前后轮同时转向。

5.9.13 平地机行驶时，应将刮刀和齿耙升到最高位置，并将刮刀斜放，刮刀两端不得超出后轮外侧。行驶速度不得超过使用说明书规定。下坡时，不得空挡滑行。

5.9.14 平地机作业中变矩器的油温不得超过 120℃。

5.9.15 作业后，平地机应停放在平坦、安全的场地，刮刀应落在地面上，手制动器应拉紧。

5.10 轮胎式装载机

5.10.1 装载机与汽车配合装运作业时，自卸汽车的车厢容积应与装载机铲斗容量相匹配。

5.10.2 装载机作业场地坡度应符合使用说明书的规定。作业区内不得有障碍物及无关人员。

5.10.3 轮胎式装载机作业场地和行驶道路应平坦坚实。在石块场地作业时，应在轮胎上加装保护链条。

5.10.4 作业前应按本规程第5.2.3条的规定进行检查。

5.10.5 装载机行驶前，应先鸣笛示意，铲斗宜提升离地0.5m。装载机行驶过程中应测试制动器的可靠性。装载机搭乘人员应符合规定。装载机铲斗不得载人。

5.10.6 装载机高速行驶时应采用前轮驱动；低速铲装时，应采用四轮驱动。铲斗装载后升起行驶时，不得急转弯或紧急制动。

5.10.7 装载机下坡时不得空挡滑行。

5.10.8 装载机的装载量应符合使用说明书的规定。装载机铲斗应从正面铲料，铲斗不得单边受力。装载机应低速缓慢举臂翻转铲斗卸料。

5.10.9 装载机操纵手柄换向应平稳。装载机满载时，铲臂应缓慢下降。

5.10.10 在松散不平的场地作业时，应把铲臂放在浮动位置，使铲斗平稳地推进；当推进阻力增大时，可稍微提升铲臂。

5.10.11 当铲臂运行到上下最大限度时，应立即将操纵杆回到空挡位置。

5.10.12 装载机运载物料时，铲臂下铰点宜保持离地面0.5m，并保持平稳行驶。铲斗提升到最高位置时，不得运输物料。

5.10.13 铲装或挖掘时，铲斗不应偏载。铲斗装满后，应先举臂，再行走、转向、卸料。铲斗行走过程中不得收斗或举臂。

5.10.14 当铲装阻力较大，出现轮胎打滑时，应立即停止铲装，排除过载后再铲装。

5.10.15 在向汽车装料时，铲斗不得在汽车驾驶室上方越过。如汽车驾驶室顶无防护，驾驶室内不得有人。

5.10.16 向汽车装料，宜降低铲斗高度，减小卸落冲击。汽车装料不得偏载、超载。

5.10.17 装载机在坡、沟边卸料时，轮胎离边缘应保留安全距离，安全距离宜大于1.5m；铲斗不宜伸出坡、沟边缘。在大于3°的坡面上，装载机不得朝下坡方向俯身卸料。

5.10.18 作业时，装载机变矩器油温不得超过110℃，超过时，应停机降温。

5.10.19 作业后，装载机应停放在安全场地，铲斗应平放在地面上，操纵杆应置于中位，制动应锁定。

5.10.20 **装载机转向架未锁闭时，严禁站在前后车架之间进行检修保养。**

5.10.21 装载机铲臂升起后，在进行润滑或检修等作业时，应先装好安全销，或先采取其他措施支住铲臂。

5.10.22 停车时，应使内燃机转速逐步降低，不得突然熄火，应防止液压油因惯性冲击而溢出油箱。

5.11 蛙式夯实机

5.11.1 蛙式夯实机宜适用于夯实灰土和素土。蛙式夯实机不得冒雨作业。

5.11.2 作业前应重点检查下列项目，并应符合相应要求：

　　1 漏电保护器应灵敏有效，接零或接地及电缆线接头应绝缘良好；

　　2 传动皮带应松紧合适，皮带轮与偏心块应安装牢固；

　　3 转动部分应安装防护装置，并应进行试运转，确认正常；

　　4 负荷线应采用耐气候型的四芯橡皮护套软电缆。电缆线长不应大于50m。

5.11.3 夯实机启动后，应检查电动机旋转方向，错误时应倒换相线。

5.11.4 作业时，夯实机扶手上的按钮开关和电动机的接线应绝缘良好。当发现有漏电现象时，应立即切断电源，进行检修。

5.11.5 夯实机作业时，应一人扶夯，一人传递电缆线，并应戴绝缘手套和穿绝缘鞋。递线人员应跟随夯机后或两侧调顺电缆线。电缆线不得扭结或缠绕，并应保持 3m～4m 的余量。

5.11.6 作业时，不得夯击电缆线。

5.11.7 作业时，应保持夯实机平衡，不得用力压扶手。转弯时应用力平稳，不得急转弯。

5.11.8 夯实填高松软土方时，应先在边缘以内 100mm～150mm 夯实 2 遍～3 遍后，再夯实边缘。

5.11.9 不得在斜坡上夯行，以防夯头后折。

5.11.10 夯实房心土时，夯板应避开钢筋混凝土基础及地下管道等地下物。

5.11.11 在建筑物内部作业时，夯板或偏心块不得撞击墙壁。

5.11.12 多机作业时，其平行间距不得小于 5m，前后间距不得小于 10m。

5.11.13 夯实机作业时，夯实机四周 2m 范围内，不得有非夯实机操作人员。

5.11.14 夯实机电动机温升超过规定时，应停机降温。

5.11.15 作业时，当夯实机有异常响声时，应立即停机检查。

5.11.16 作业后，应切断电源，卷好电缆线，清理夯实机。夯实机保管应防水防潮。

5.12 振动冲击夯

5.12.1 振动冲击夯适用于压实黏性土、砂及砾石等散状物料，不得在水泥路面和其他坚硬地面作业。

5.12.2 内燃机冲击夯作业前，应检查并确认有足够的润滑油，油门控制器应转动灵活。

5.12.3 内燃机冲击夯启动后，应逐渐加大油门，夯机跳动稳定后开始作业。

5.12.4 振动冲击夯作业时，应正确掌握夯机，不得倾斜，手把不宜握得过紧，能控制夯机前进速度即可。

5.12.5 正常作业时，不得使劲往下压手把，以免影响夯机跳起高度。夯实松软土或上坡时，可将手把稍向下压，并应能增加夯机前进速度。

5.12.6 根据作业要求，内燃冲击夯应通过调整油门的大小，在一定范围内改变夯机振动频率。

5.12.7 内燃冲击夯不宜在高速下连续作业。

5.12.8 当短距离转移时，应先将冲击夯手把稍向上抬起，将运转轮装入冲击夯的挂钩内，再压下手把，使重心后倾，再推动手把转移冲击夯。

5.12.9 振动冲击夯除应符合本节的规定外，还应符合本规程第5.11节的规定。

5.13 强 夯 机 械

5.13.1 担任强夯作业的主机，应按照强夯等级的要求经过计算选用。当选用履带式起重机作主机时，应符合本规程第4.2节的规定。

5.13.2 强夯机械的门架、横梁、脱钩器等主要结构和部件的材料及制作质量，应经过严格检查，对不符合设计要求的，不得使用。

5.13.3 夯机驾驶室挡风玻璃前应增设防护网。

5.13.4 夯机的作业场地应平整，门架底座与夯机着地部位的场地不平度不得超过100mm。

5.13.5 夯机在工作状态时，起重臂仰角应符合使用说明书的要求。

5.13.6 梯形门架支腿不得前后错位，门架支腿在未支稳垫实前，不得提锤。变换夯位后，应重新检查门架支腿，确认稳固可靠，然后再将锤提升100mm～300mm，检查整机的稳定性，确认可靠后作业。

5.13.7 夯锤下落后，在吊钩尚未降至夯锤吊环附近前，操作人员严禁提前下坑挂钩。从坑中提锤时，严禁挂钩人员站在锤上随锤提升。

5.13.8 夯锤起吊后，地面操作人员应迅速撤至安全距离以外，非强夯施工人员不得进入夯点 30m 范围内。

5.13.9 夯锤升起如超过脱钩高度仍不能自动脱钩时，起重指挥应立即发出停车信号，将夯锤落下，应查明原因并正确处理后继续施工。

5.13.10 当夯锤留有的通气孔在作业中出现堵塞现象时，应及时清理，并不得在锤下作业。

5.13.11 当夯坑内有积水或因黏土产生的锤底吸附力增大时，应采取措施排除，不得强行提锤。

5.13.12 转移夯点时，夯锤应由辅机协助转移，门架随夯机移动前，支腿离地面高度不得超过 500mm。

5.13.13 作业后，应将夯锤下降，放在坚实稳固的地面上。在非作业时，不得将锤悬挂在空中。

6 运 输 机 械

6.1 一 般 规 定

6.1.1 各类运输机械应有完整的机械产品合格证以及相关的技术资料。

6.1.2 启动前应重点检查下列项目，并应符合相应要求：

1 车辆的各总成、零件、附件应按规定装配齐全，不得有脱焊、裂缝等缺陷。螺栓、铆钉连接紧固不得松动、缺损；

2 各润滑装置应齐全并应清洁有效；

3 离合器应结合平稳、工作可靠、操作灵活，踏板行程应符合规定；

4 制动系统各部件应连接可靠，管路畅通；

5 灯光、喇叭、指示仪表等应齐全完整；

6 轮胎气压应符合要求；

7 燃油、润滑油、冷却水等应添加充足；

8 燃油箱应加锁；

9 运输机械不得有漏水、漏油、漏气、漏电现象。

6.1.3 运输机械启动后，应观察各仪表指示值，检查内燃机运转情况，检查转向机构及制动器等性能，并确认正常，当水温达到40℃以上、制动气压达到安全压力以上时，应低挡起步。起步时应检查周边环境，并确认安全。

6.1.4 装载的物品应捆绑稳固牢靠，整车重心高度应控制在规定范围内，轮式机具和圆形物件装运时应采取防止滚动的措施。

6.1.5 运输机械不得人货混装，运输过程中，料斗内不得载人。

6.1.6 运输超限物件时，应事先勘察路线，了解空中、地面上、地下障碍以及道路、桥梁等通过能力，并应制定运输方案，应按规定办理通行手续。在规定时间内按规定路线行驶。超限部分白天应插警示旗，夜间应挂警示灯。装卸人员及电工携带工具随行，保证运行安全。

6.1.7 运输机械水温未达到 70℃时，不得高速行驶。行驶中变速应逐级增减挡位，不得强推硬拉。前进和后退交替时，应在运输机械停稳后换挡。

6.1.8 运输机械行驶中，应随时观察仪表的指示情况，当发现机油压力低于规定值，水温过高，有异响、异味等情况时，应立即停车检查，并应排除故障后继续运行。

6.1.9 运输机械运行时不得超速行驶，并应保持安全距离。进入施工现场应沿规定的路线行进。

6.1.10 车辆上、下坡应提前换入低速挡，不得中途换挡。下坡时，应以内燃机变速箱阻力控制车速，必要时，可间歇轻踏制动器。严禁空挡滑行。

6.1.11 在泥泞、冰雪道路上行驶时，应降低车速，并应采取防滑措施。

6.1.12 车辆涉水过河时，应先探明水深、流速和水底情况，水深不得超过排气管或曲轴皮带盘，并应低速直线行驶，不得在中途停车或换挡。涉水后，应缓行一段路程，轻踏制动器使浸水的制动片上的水分蒸发掉。

6.1.13 通过危险地区时，应先停车检查，确认可以通过后，应由有经验人员指挥前进。

6.1.14 运载易燃易爆、剧毒、腐蚀性等危险品时，应使用专用车辆按相应的安全规定运输，并应有专业随车人员。

6.1.15 爆破器材的运输，应符合现行国家法规《爆破安全规程》GB 6722 的要求。起爆器材与炸药、不同种类的炸药严禁同车运输。车箱底部应铺软垫层，并应有专业押运人员，按指定路线行进。不得在人口稠密处、交叉路口和桥上（下）停留。车厢应用帆布覆盖并设置明显标志。

6.1.16 装运氧气瓶的车厢不得有油污，氧气瓶严禁与油料或乙炔气瓶混装。氧气瓶上防振胶圈应齐全，运行过程中，氧气瓶不得滚动及相互撞击。

6.1.17 车辆停放时，应将内燃机熄火，拉紧手制动器，关锁车门。在下坡道停放时应挂倒挡，在上坡道停放时应挂一挡，并应使用三角木楔等揳紧轮胎。

6.1.18 平头型驾驶室需前倾时，应清理驾驶室内物件，关紧车门后前倾并锁定。平头型驾驶室复位后，应检查并确认驾驶室已锁定。

6.1.19 在车底进行保养、检修时，应将内燃机熄火，拉紧手制动器并将车轮揳牢。

6.1.20 车辆经修理后需要试车时，应由专业人员驾驶，当需在道路上试车时，应事先报经公安、公路等有关部门的批准。

6.2 自 卸 汽 车

6.2.1 自卸汽车应保持顶升液压系统完好，工作平稳。操纵应灵活，不得有卡阻现象。各节液压缸表面应保持清洁。

6.2.2 非顶升作业时，应将顶升操纵杆放在空挡位置。顶升前，应拔出车厢固定锁。作业后，应及时插入车厢固定锁。固定锁应无裂纹，插入或拔出应灵活、可靠。在行驶过程中车厢挡板不得自行打开。

6.2.3 自卸汽车配合挖掘机、装载机装料时，应符合本规程第5.10.15条规定，就位后应拉紧手制动器。

6.2.4 卸料时应听从现场专业人员指挥，车厢上方不得有障碍物，四周不得有人员来往，并应将车停稳。举升车厢时，应控制内燃机中速运转，当车厢升到顶点时，应降低内燃机转速，减少车厢振动。不得边卸边行驶。

6.2.5 向坑洼地区卸料时，应和坑边保持安全距离。在斜坡上不得侧向倾卸。

6.2.6 卸完料，车厢应及时复位，自卸汽车应在复位后行驶。

6.2.7 自卸汽车不得装运爆破器材。

6.2.8 车厢举升状态下，应将车厢支撑牢靠后，进入车厢下面进行检修、润滑等作业。

6.2.9 装运混凝土或黏性物料后，应将车厢清洗干净。

6.2.10 自卸汽车装运散料时，应有防止散落的措施。

6.3 平板拖车

6.3.1 拖车的制动器、制动灯、转向灯等应配备齐全，并应与牵引车的灯光信号同时起作用。

6.3.2 行车前，应检查并确认拖挂装置、制动装置、电缆接头等连接良好。

6.3.3 拖车装卸机械时，应停在平坦坚实处，拖车应制动并用三角木揳紧车胎。装车时应调整好机械在车厢上的位置，各轴负荷分配应合理。

6.3.4 平板拖车的跳板应坚实，在装卸履带式起重机、挖掘机、压路机时，跳板与地面夹角不宜大于 15°；在装卸履带式推土机、拖拉机时，跳板与地面夹角不宜大于 25°。装卸时应由熟练的驾驶人员操作，并应统一指挥。上、下车动作应平稳，不得在跳板上调整方向。

6.3.5 装运履带式起重机时，履带式起重机起重臂应拆短，起重臂向后，吊钩不得自由晃动。

6.3.6 推土机的铲刀宽度超过平板拖车宽度时，应先拆除铲刀后再装运。

6.3.7 机械装车后，机械的制动器应锁定，保险装置应锁牢，履带或车轮应揳紧，机械应绑扎牢固。

6.3.8 使用随车卷扬机装卸物件时，应有专人指挥，拖车应制动锁定，并应将车轮揳紧，防止在装卸时车辆移动。

6.3.9 拖车长期停放或重车停放时间较长时，应将平板支起，轮胎不应承压。

6.4 机动翻斗车

6.4.1 机动翻斗车驾驶员应经考试合格，持有机动翻斗车专用驾驶证上岗。

6.4.2 机动翻斗车行驶前，应检查锁紧装置，并应将料斗锁牢。

6.4.3 机动翻斗车行驶时，不得用离合器处于半结合状态来控制车速。

6.4.4 在路面不良状况下行驶时，应低速缓行。机动翻斗车不得靠近路边或沟旁行驶，并应防侧滑。

6.4.5 在坑沟边缘卸料时，应设置安全挡块。车辆接近坑边时，应减速行驶，不得冲撞挡块。

6.4.6 上坡时，应提前换入低挡行驶；下坡时，不得空挡滑行；转弯时，应先减速，急转弯时，应先换入低挡。机动翻斗车不宜紧急刹车，应防止向前倾覆。

6.4.7 机动翻斗车不得在卸料工况下行驶。

6.4.8 内燃机运转或料斗内有载荷时，不得在车底下进行作业。

6.4.9 多台机动翻斗车纵队行驶时，前后车之间应保持安全距离。

6.5 散装水泥车

6.5.1 在装料前应检查并清除散装水泥车的罐体及料管内积灰和结渣等杂物，管道不得有堵塞和漏气现象；阀门开闭应灵活，部件连接应牢固可靠，压力表工作应正常。

6.5.2 在打开装料口前，应先打开排气阀，排除罐内残余气压。

6.5.3 装料完毕，应将装料口边缘上堆积的水泥清扫干净，盖好进料口，并锁紧。

6.5.4 散装水泥车卸料时，应装好卸料管，关闭卸料管蝶阀和卸压管球阀，并应打开二次风管，接通压缩空气。空气压缩机应在无载情况下启动。

6.5.5 在确认卸料阀处于关闭状态后，向罐内加压，当达到卸料压力时，应先稍开二次风嘴阀后再打开卸料阀，并用二次风嘴阀调整空气与水泥比例。

6.5.6 卸料过程中，应注意观察压力表的变化情况，当发现压力突然上升，输气软管堵塞时，应停止送气，并应放出管内有压气体，及时排除故障。

6.5.7 卸料作业时，空气压缩机应有专人管理，其他人员不得擅自操作。在进行加压卸料时，不得增加内燃机转速。

6.5.8 卸料结束后，应打开放气阀，放尽罐内余气，并应关闭各部阀门。

6.5.9 雨雪天气，散装水泥车进料口应关闭严密，并不得在露天装卸作业。

6.6 皮带运输机

6.6.1 固定式皮带运输机应安装在坚固的基础上，移动式皮带运输机在开动前应将轮子�􀀃紧。

6.6.2 皮带运输机在启动前，应调整好输送带的松紧度，带扣应牢固，各传动部件应灵活可靠，防护罩应齐全有效。电气系统应布置合理，绝缘及接零或接地应保护良好。

6.6.3 输送带启动时，应先空载运转，在运转正常后，再均匀装料。不得先装料后启动。

6.6.4 输送带上加料时，应对准中心，并宜降低加料高度，减少落料对输送带的冲击。

6.6.5 作业中，应随时观察输送带运输情况，当发现带有松动、走偏或跳动现象时，应停机进行调整。

6.6.6 作业时，人员不得从带上面跨越，或从带下面穿过。输送带打滑时，不得用手拉动。

6.6.7 输送带输送大块物料时，输送带两侧应加装挡板或栅栏。

6.6.8 多台皮带运输机串联作业时，应从卸料端按顺序启动；停机时，应从装料端开始按顺序停机。

6.6.9 作业时需要停机时，应先停止装料，将带上物料卸完后，再停机。

6.6.10 皮带运输机作业中突然停机时，应立即切断电源，清除运输带上的物料，检查并排除故障。

6.6.11 作业完毕后，应将电源断开，锁好电源开关箱，清除输送机上的砂土，应采用防雨护罩将电动机盖好。

7 桩工机械

7.1 一般规定

7.1.1 桩工机械类型应根据桩的类型、桩长、桩径、地质条件、施工工艺等综合考虑选择。

7.1.2 桩机上的起重部件应执行本规程第 4 章的有关规定。

7.1.3 施工现场应按桩机使用说明书的要求进行整平压实，地基承载力应满足桩机的使用要求。在基坑和围堰内打桩，应配置足够的排水设备。

7.1.4 桩机作业区内不得有妨碍作业的高压线路、地下管道和埋设电缆。作业区应有明显标志或围栏，非工作人员不得进入。

7.1.5 桩机电源供电距离宜在 200m 以内，工作电源电压的允许偏差为其公称值的±5%。电源容量与导线截面应符合设备施工技术要求。

7.1.6 作业前，应由项目负责人向作业人员作详细的安全技术交底。桩机的安装、试机、拆除应严格按设备使用说明书的要求进行。

7.1.7 安装桩锤时，应将桩锤运到立柱正前方 2m 以内，并不得斜吊。桩机的立柱导轨应按规定润滑。桩机的垂直度应符合使用说明书的规定。

7.1.8 作业前，应检查并确认桩机各部件连接牢靠，各传动机构、齿轮箱、防护罩、吊具、钢丝绳、制动器等应完好，起重机起升、变幅机构工作正常，润滑油、液压油的油位符合规定，液压系统无泄漏，液压缸动作灵敏，作业范围内不得有非工作人员或障碍物。电动机应按本规程第 3.4 节的要求执行。

7.1.9 水上打桩时，应选择排水量比桩机重量大 4 倍以上的作业船或安装牢固的排架，桩机与船体或排架应可靠固定，并应采取有效的锚固措施。当打桩船或排架的偏斜度超过 3°时，应停止作业。

7.1.10 桩机吊桩、吊锤、回转、行走等动作不应同时进行。吊桩时，应在桩上拴好拉绳，避免桩与桩锤或机架碰撞。桩机吊锤（桩）时，锤（桩）的最高点离立柱顶部的最小距离应确保安全。轨道式桩机吊桩时应夹紧夹轨器。桩机在吊有桩和锤的情况下，操作人员不得离开岗位。

7.1.11 桩机不得侧面吊桩或远距离拖桩。桩机在正前方吊桩时，混凝土预制桩与桩机立柱的水平距离不应大于 4m，钢桩不应大于 7m，并应防止桩与立柱碰撞。

7.1.12 使用双向立柱时，应在立柱转向到位，并应采用锁销将立柱与基杆锁住后起吊。

7.1.13 施打斜桩时，应先将桩锤提升到预定位置，并将桩吊起，套入桩帽，桩尖插入桩位后再后仰立柱。履带三支点式桩架在后倾打斜桩时，后支撑杆应顶紧；轨道式桩架应在平台后增加支撑，并夹紧夹轨器。立柱后仰时，桩机不得回转及行走。

7.1.14 桩机回转时，制动应缓慢，轨道式和步履式桩架同向连续回转不应大于一周。

7.1.15 桩锤在施打过程中，监视人员应在距离桩锤中心 5m 以外。

7.1.16 插桩后，应及时校正桩的垂直度。桩入土 3m 以上时，不得用桩机行走或回转动作来纠正桩的倾斜度。

7.1.17 拔送桩时，不得超过桩机起重能力；拔送载荷应符合下列规定：

　　1 电动桩机拔送载荷不得超过电动机满载电流时的载荷；

　　2 内燃机桩机拔送桩时，发现内燃机明显降速，应立即停止作业。

7.1.18 作业过程中，应经常检查设备的运转情况，当发生异响、吊索具破损、紧固螺栓松动、漏气、漏油、停电以及其他不正常情况时，应立即停机检查，排除故障。

7.1.19 桩机作业或行走时，除本机操作人员外，不应搭载其他人员。

7.1.20 桩机行走时，地面的平整度与坚实度应符合要求，并应有专人指挥。走管式桩机横移时，桩机距滚管终端的距离不应小于 1m。桩机带锤行走时，应将桩锤放至最低位。履带式桩机行走时，驱动轮应置于尾部位置。

7.1.21 在有坡度的场地上，坡度应符合桩机使用说明书的规定，并应将桩机重心置于斜坡上方，沿纵坡方向作业和行走。桩机在斜坡上不得回转。在场地的软硬边际，桩机不应横跨软硬边际。

7.1.22 遇风速 12.0m/s 及以上的大风和雷雨、大雾、大雪等恶劣气候时，应停止作业。当风速达到 13.9m/s 及以上时，应将桩机顺风向停置，并应按使用说明书的要求，增设缆风绳，或将桩架放倒。桩机应有防雷措施，遇雷电时，人员应远离桩机。冬期作业应清除桩机上积雪，工作平台应有防滑措施。

7.1.23 桩孔成型后，当暂不浇注混凝土时，孔口必须及时封盖。

7.1.24 作业中，当停机时间较长时，应将桩锤落下垫稳。检修时，不得悬吊桩锤。

7.1.25 桩机在安装、转移和拆运时，不得强行弯曲液压管路。

7.1.26 作业后，应将桩机停放在坚实平整的地面上，将桩锤落下垫实，并切断动力电源。轨道式桩架应夹紧夹轨器。

7.2 柴油打桩锤

7.2.1 作业前应检查导向板的固定与磨损情况，导向板不得有松动或缺件，导向面磨损不得大于 7mm。

7.2.2 作业前应检查并确认起落架各工作机构安全可靠，启动钩与上活塞接触线距离应在 5mm～10mm 之间。

7.2.3 作业前应检查柴油锤与桩帽的连接，提起柴油锤，柴油锤脱出砧座后，柴油锤下滑长度不应超过使用说明书的规定值，超过时，应调整桩帽连接钢丝绳的长度。

7.2.4 作业前应检查缓冲胶垫，当砧座和橡胶垫的接触面小于原面积 2/3 时，或下汽缸法兰与砧座间隙小于使用说明书的规定值时，均应更换橡胶垫。

7.2.5 水冷式柴油锤应加满水箱，并应保证柴油锤连续工作时有足够的冷却水。冷却水应使用清洁的软水。冬期作业时应加温水。

7.2.6 桩帽上缓冲垫木的厚度应符合要求，垫木不得偏斜。金属桩的垫木厚度应为 100mm～150mm；混凝土桩的垫木厚度应为 200mm～250mm。

7.2.7 柴油锤启动前，柴油锤、桩帽和桩应在同一轴线上，不得偏心打桩。

7.2.8 在软土打桩时，应先关闭油门冷打，当每击贯入度小于100mm 时，再启动柴油锤。

7.2.9 柴油锤运转时，冲击部分的跳起高度应符合使用说明书的要求，达到规定高度时，应减小油门，控制落距。

7.2.10 当上活塞下落而柴油锤未燃爆，上活塞发生短时间的起伏时，起落架不得落下，以防撞击碰块。

7.2.11 打桩过程中，应有专人负责拉好曲臂上的控制绳，在意外情况下，可使用控制绳紧急停锤。

7.2.12 柴油锤启动后，应提升起落架，在锤击过程中起落架与上汽缸顶部之间的距离不应小于 2m。

7.2.13 筒式柴油锤上活塞跳起时，应观察是否有润滑油从泄油孔中流出。下活塞的润滑油应按使用说明书的要求加注。

7.2.14 柴油锤出现早燃时，应停止工作，并应按使用说明书的要求进行处理。

7.2.15 作业后，应将柴油锤放到最低位置，封盖上汽缸和吸排气孔，关闭燃料阀，将操作杆置于停机位置，起落架升至高于桩锤 1m 处，并应锁住安全限位装置。

7.2.16 长期停用的柴油锤，应从桩机上卸下，放掉冷却水、燃油及润滑油，将燃烧室及上、下活塞打击面清洗干净，并应做好防腐措施，盖上保护套，入库保存。

7.3 振 动 桩 锤

7.3.1 作业前，应检查并确认振动桩锤各部位螺栓、销轴的连接牢靠，减振装置的弹簧、轴和导向套完好。

7.3.2 作业前，应检查各传动胶带的松紧度，松紧度不符合规定时应及时调整。

7.3.3 作业前，应检查夹持片的齿形。当齿形磨损超过 4mm 时，应更换或用堆焊修复。使用前，应在夹持片中间放一块 10mm～15mm 厚的钢板进行试夹。试夹中液压缸应无渗漏，系统压力应正常，夹持片之间无钢板时不得试夹。

7.3.4 作业前，应检查并确认振动桩锤的导向装置牢固可靠。导向装置与立柱导轨的配合间隙应符合使用说明书的规定。

7.3.5 悬挂振动桩锤的起重机吊钩应有防松脱的保护装置。振动桩锤悬挂钢架的耳环应加装保险钢丝绳。

7.3.6 振动桩锤启动时间不应超过使用说明书的规定。当启动困难时，应查明原因，排除故障后继续启动。启动时应监视电流和电压，当启动后的电流降到正常值时，开始作业。

7.3.7 夹桩时，夹紧装置和桩的头部之间不应有空隙。当液压系统工作压力稳定后，才能启动振动桩锤。

7.3.8 沉桩前，应以桩的前端定位，并按使用说明书的要求调整导轨与桩的垂直度。

7.3.9 沉桩时，应根据沉桩速度放松吊桩钢丝绳。沉桩速度、电机电流不得超过使用说明书的规定。沉桩速度过慢时，可在振动桩锤上按规定增加配重。当电流急剧上升时，应停机检查。

7.3.10 拔桩时，当桩身埋入部分被拔起 1.0m～1.5m 时，应停止拔桩，在拴好吊桩用钢丝绳后，再起振拔桩。当桩尖离地面只有 1.0m～2.0m 时，应停止振动拔桩，由起重机直接拔桩。桩拔出后，吊桩钢丝绳未吊紧前，不得松开夹紧装置。

7.3.11 拔桩应按沉桩的相反顺序起拔。夹紧装置在夹持板桩时，应靠近相邻一根。对工字桩应夹紧腹板的中央。当钢板桩和工字桩的头部有钻孔时，应将钻孔焊平或将钻孔以上割掉，或应在钻孔处焊接加强板，防止桩断裂。

7.3.12 振动桩锤在正常振幅下仍不能拔桩时，应停止作业，改用功率较大的振动桩锤。拔桩时，拔桩力不应大于桩架的负荷能力。

7.3.13 振动桩锤作业时，减振装置各摩擦部位应具有良好的润滑。减振器横梁的振幅超过规定时，应停机查明原因。

7.3.14 作业中，当遇液压软管破损、液压操纵失灵或停电时，应立即停机，并应采取安全措施，不得让桩从夹紧装置中脱落。

7.3.15 停止作业时，在振动桩锤完全停止运转前不得松开夹紧装置。

7.3.16 作业后，应将振动桩锤沿导杆放至低处，并采用木块垫实，带桩管的振动桩锤可将桩管沉入土中 3m 以上。

7.3.17 振动桩锤长期停用时，应卸下振动桩锤。

7.4 静力压桩机

7.4.1 桩机纵向行走时，不得单向操作一个手柄，应两个手柄一起动作。短船回转或横向行走时，不应碰触长船边缘。

7.4.2 桩机升降过程中，四个顶升缸中的两个一组，交替动作，每次行程不得超过 100mm。当单个顶升缸动作时，行程不得超过 50mm。压桩机在顶升过程中，船形轨道不宜压在已入土的单一桩顶上。

7.4.3 压桩作业时，应有统一指挥，压桩人员和吊桩人员应密切联系，相互配合。

7.4.4 起重机吊桩进入夹持机构，进行接桩或插桩作业后，操作人员在压桩前应确认吊钩已安全脱离桩体。

7.4.5 操作人员应按桩机技术性能作业，不得超载运行。操作时动作不应过猛，应避免冲击。

7.4.6 桩机发生浮机时，严禁起重机作业。如起重机已起吊物体，应立即将起吊物卸下，暂停压桩，在查明原因采取相应措施后，方可继续施工。

7.4.7 压桩时，非工作人员应离机 10m。起重机的起重臂及桩机配重下方严禁站人。

7.4.8 压桩时，操作人员的身体不得进入压桩台与机身的间隙之中。

7.4.9 压桩过程中，桩产生倾斜时，不得采用桩机行走的方法强行纠正，应先将桩拔起，清除地下障碍物后，重新插桩。

7.4.10 在压桩过程中，当夹持的桩出现打滑现象时，应通过提高液压缸压力增加夹持力，不得损坏桩，并应及时找出打滑原因，排除故障。

7.4.11 桩机接桩时，上一节桩应提升 350mm～400mm，并不得松开夹持板。

7.4.12 当桩的贯入阻力超过设计值时，增加配重应符合使用说明书的规定。

7.4.13 当桩压到设计要求时，不得用桩机行走的方式，将超过规定高度的桩顶部分强行推断。

7.4.14 作业完毕，桩机应停放在平整地面上，短船应运行至中间位置，其余液压缸应缩进回程，起重机吊钩应升至最高位置，各部制动器应制动，外露活塞杆应清理干净。

7.4.15 作业后，应将控制器放在"零位"，并依次切断各部电源，锁闭门窗，冬期应放尽各部积水。

7.4.16 转移工地时，应按规定程序拆卸桩机，所有油管接头处应加保护盖帽。

7.5 转盘钻孔机

7.5.1 钻架的吊重中心、钻机的卡孔和护进管中心应在同一垂直线上，钻杆中心偏差不应大于 20mm。

7.5.2 钻头和钻杆连接螺纹应良好，滑扣的不得使用。钻头焊接应牢固可靠，不得有裂纹。钻杆连接处应安装便于拆卸的垫圈。

7.5.3 作业前，应先将各部操纵手柄置于空挡位置，人力盘动时不得有卡阻现象，然后空载运转，确认一切正常后方可作业。

7.5.4 开钻时，应先送浆后开钻；停机时，应先停钻后停浆。泥浆泵应有专人看管，对泥浆质量和浆面高度应随时测量和调整，随时清除沉淀池中杂物，出现漏浆现象时应及时补充。

7.5.5 开钻时，钻压应轻，转速应慢。在钻进过程中，应根据地质情况和钻进深度，选择合适的钻压和钻速，均匀给进。

7.5.6 换挡时，应先停钻，挂上挡后再开钻。

7.5.7 加接钻杆时，应使用特制的连接螺栓紧固，并应做好连接处的清洁工作。

7.5.8 钻机下和井孔周围 2m 以内及高压胶管下，不得站人。钻杆不应在旋转时提升。

7.5.9 发生提钻受阻时，应先设法使钻具活动后再慢慢提升，不得强行提升。当钻进受阻时，应采用缓冲击法解除，并查明原因，采取措施继续钻进。

7.5.10 钻架、钻台平车、封口平车等的承载部位不得超载。

7.5.11 使用空气反循环时，喷浆口应遮拦，管端应固定。

7.5.12 钻进结束时，应把钻头略为提起，降低转速，空转 5min～20min 后再停钻。停钻时，应先停钻后停风。

7.5.13 作业后，应对钻机进行清洗和润滑，并应将主要部位进行遮盖。

7.6 螺旋钻孔机

7.6.1 安装前，应检查并确认钻杆及各部件不得有变形；安装后，钻杆与动力头中心线的偏斜度不应超过全长的 1%。

7.6.2 安装钻杆时，应从动力头开始，逐节往下安装。不得将所需长度的钻杆在地面上接好后一次起吊安装。

7.6.3 钻机安装后，电源的频率与钻机控制箱的内频率应相同，不同时，应采用频率转换开关予以转换。

7.6.4 钻机应放置在平稳、坚实的场地上。汽车式钻机应将轮胎支起，架好支腿，并应采用自动微调或线锤调整挺杆，使之保持垂直。

7.6.5 启动前应检查并确认钻机各部件连接应牢固，传动带的松紧度应适当，减速箱内油位应符合规定，钻深限位报警装置应有效。

7.6.6 启动前，应将操纵杆放在空挡位置。启动后，应进行空载运转试验，检查仪表、制动等各项，温度、声响应正常。

7.6.7 钻孔时，应将钻杆缓慢放下，使钻头对准孔位，当电流表指针偏向无负荷状态时即可下钻。在钻孔过程中，当电流表超过额定电流时，应放慢下钻速度。

7.6.8 钻机发出下钻限位报警信号时，应停钻，并将钻杆稍稍提升，在解除报警信号后，方可继续下钻。

7.6.9 卡钻时，应立即停止下钻。查明原因前，不得强行启动。

7.6.10 作业中，当需改变钻杆回转方向时，应在钻杆完全停转后再进行。

7.6.11 作业中，当发现阻力过大、钻进困难、钻头发出异响或机架出现摇晃、移动、偏斜时，应立即停钻，在排除故障后，继续施钻。

7.6.12 钻机运转时，应有专人看护，防止电缆线被缠入钻杆。

7.6.13 钻孔时，不得用手清除螺旋片中的泥土。

7.6.14 钻孔过程中，应经常检查钻头的磨损情况，当钻头磨损量超过使用说明书的允许值时，应予更换。

7.6.15 作业中停电时，应将各控制器放置零位，切断电源，并应及时采取措施，将钻杆从孔内拔出。

7.6.16 作业后，应将钻杆及钻头全部提升至孔外，先清除钻杆和螺旋叶片上的泥土，再将钻头放下接触地面，锁定各部制动，将操纵杆放到空挡位置，切断电源。

7.7 全套管钻机

7.7.1 作业前应检查并确认套管和浇注管内侧不得有损坏和明显变形，不得有混凝土粘结。

7.7.2 钻机内燃机启动后，应先怠速运转，再逐步加速至额定转速。钻机对位后，应进行试调，达到水平后，再进行作业。

7.7.3 第一节套管入土后，应随时调整套管的垂直度。当套管入土深度大于 5m 时，不得强行纠偏。

7.7.4 在套管内挖土碰到硬土层时，不得用锤式抓斗冲击硬土层，应采用十字凿锤将硬土层有效的破碎后，再继续挖掘。

7.7.5 用锤式抓斗挖掘管内土层时，应在套管上加装保护套管接头的喇叭口。

7.7.6 套管在对接时，接头螺栓应按出厂说明书规定的扭矩对称拧紧。接头螺栓拆下时，应立即洗净后浸入油中。

7.7.7 起吊套管时，不得用卡环直接吊在螺纹孔内，损坏套管螺纹，应使用专用工具吊装。

7.7.8 挖掘过程中，应保持套管的摆动。当发现套管不能摆动时，应拔出液压缸，将套管上提，再用起重机助拔，直至拔起部分套管能摆动为止。

7.7.9 浇注混凝土时，钻机操作应和灌注作业密切配合，应根据孔深、桩长适当配管，套管与浇注管保持同心，在浇注管埋入混凝土 2m～4m 之间时，应同步拔管和拆管。

7.7.10 上拔套管时，应左右摆动。套管分离时，下节套管头应用卡环保险，防止套管下滑。

7.7.11 作业后，应及时清除机体、锤式抓斗及套管等外表的混凝土和泥砂，将机架放回行走位置，将机组转移至安全场所。

7.8 旋挖钻机

7.8.1 作业地面应坚实平整，作业过程中地面不得下陷，工作坡度不得大于 2°。

7.8.2 钻机驾驶员进出驾驶室时，应利用阶梯和扶手上下。在作业过程中，不得将操纵杆当扶手使用。

7.8.3 钻机行驶时，应将上车转台和底盘车架销住，履带式钻机还应锁定履带伸缩油缸的保护装置。

7.8.4 钻孔作业前，应检查并确认固定上车转台和底盘车架的销轴已拔出。履带式钻机应将履带的轨距伸至最大。

7.8.5 在钻机转移工作点、装卸钻具钻杆、收臂放塔和检修调试时，应有专人指挥，并确认附近不得有非作业人员和障碍。

7.8.6 卷扬机提升钻杆、钻头和其他钻具时，重物应位于桅杆正前方。卷扬机钢丝绳与桅杆夹角应符合使用说明书的规定。

7.8.7 开始钻孔时，钻杆应保持垂直，位置应正确，并应慢速钻进，在钻头进入土层后，再加快钻进。当钻斗穿过软硬土层交界处时，应慢速钻进。提钻时，钻头不得转动。

7.8.8 作业中，发生浮机现象时，应立即停止作业，查明原因并正确处理后，继续作业。

7.8.9 钻机移位时，应将钻桅及钻具提升到规定高度，并应检查钻杆，防止钻杆脱落。

7.8.10 作业中，钻机作业范围内不得有非工作人员进入。

7.8.11 钻机短时停机，钻桅可不放下，动力头及钻具应下放，并宜尽量接近地面。长时间停机，钻桅应按使用说明书的要求放置。

7.8.12 钻机保养时，应按使用说明书的要求进行，并应将钻机支撑牢靠。

7.9 深层搅拌机

7.9.1 搅拌机就位后，应检查搅拌机的水平度和导向架的垂直度，并应符合使用说明书的要求。

7.9.2 作业前，应先空载试机，设备不得有异响，并应检查仪表、油泵等，确认正常后，正式开机运转。

7.9.3 吸浆、输浆管路或粉喷高压软管的各接头应连接紧固。

泵送水泥浆前，管路应保持湿润。

7.9.4 作业中，应控制深层搅拌机的入土切削速度和提升搅拌的速度，并应检查电流表，电流不得超过规定。

7.9.5 发生卡钻、停钻或管路堵塞现象时，应立即停机，并应将搅拌头提离地面，查明原因，妥善处理后，重新开机施工。

7.9.6 作业中，搅拌机动力头的润滑应符合规定，动力头不得断油。

7.9.7 当喷浆式搅拌机停机超过 3h，应及时拆卸输浆管路，排除灰浆，清洗管道。

7.9.8 作业后，应按使用说明书的要求，做好清洁保养工作。

7.10 成 槽 机

7.10.1 作业前，应检查各传动机构、安全装置、钢丝绳等，并应确认安全可靠后，空载试车，试车运行中，应检查油缸、油管、油马达等液压元件，不得有渗漏油现象，油压应正常，油管盘、电缆盘应运转灵活，不得有卡滞现象，并应与起升速度保持同步。

7.10.2 成槽机回转应平稳，不得突然制动。

7.10.3 成槽机作业中，不得同时进行两种及以上动作。

7.10.4 钢丝绳应排列整齐，不得松乱。

7.10.5 成槽机起重性能参数应符合主机起重性能参数，不得超载。

7.10.6 安装时，成槽抓斗应放置在把杆铅锤线下方的地面上，把杆角度应为 75°～78°。起升把杆时，成槽抓斗应随着逐渐慢速提升，电缆与油管应同步卷起，以防油管与电缆损坏。接油管时应保持油管的清洁。

7.10.7 工作场地应平坦坚实，在松软地面作业时，应在履带下铺设厚度在 30mm 以上的钢板，钢板纵向间距不应大于 30mm。起重臂最大仰角不得超过 78°，并应经常检查钢丝绳、滑轮，不得有严重磨损及脱槽现象，传动部件、限位保险装置、油温等应正常。

7.10.8 成槽机行走履带应平行槽边，并应尽可能使主机远离槽边，以防槽段塌方。

7.10.9 成槽机工作时，把杆下不得有人员，人员不得用手触摸钢丝绳及滑轮。

7.10.10 成槽机工作时，应检查成槽的垂直度，并应及时纠偏。

7.10.11 成槽机工作完毕，应远离槽边，抓斗应着地，设备应及时清洁。

7.10.12 拆卸成槽机时，应将把杆置于 75°～78°位置，放落成槽抓斗，逐渐变幅把杆，同步下放起升钢丝绳、电缆与油管，并应防止电缆、油管拉断。

7.10.13 运输时，电缆及油管应卷绕整齐，并应垫高油管盘和电缆盘。

7.11 冲孔桩机

7.11.1 冲孔桩机施工场地应平整坚实。

7.11.2 作业前应重点检查下列项目，并应符合相应要求：

　　1 连接应牢固，离合器、制动器、棘轮停止器、导向轮等传动应灵活可靠；

　　2 卷筒不得有裂纹，钢丝绳缠绕应正确，绳头应压紧，钢丝绳断丝、磨损不得超过规定；

　　3 安全信号和安全装置应齐全良好；

　　4 桩机应有可靠的接零或接地，电气部分应绝缘良好；

　　5 开关应灵敏可靠。

7.11.3 卷扬机启动、停止或到达终点时，速度应平缓。卷扬机使用应按本规范第 4.7 节的规定执行。

7.11.4 冲孔作业时，不得碰撞护筒、孔壁和钩挂护筒底缘；重锤提升时，应缓慢平稳。

7.11.5 卷扬机钢丝绳应按规定进行保养及更换。

7.11.6 卷扬机换向应在重锤停稳后进行，减少对钢丝绳的破坏。

7.11.7 钢丝绳上应设有标记,提升落锤高度应符合规定,防止提锤过高,击断锤齿。

7.11.8 停止作业时,冲锤应提出孔外,不得埋锤,并应及时切断电源;重锤落地前,司机不得离岗。

8 混凝土机械

8.1 一般规定

8.1.1 混凝土机械的内燃机、电动机、空气压缩机等应符合本规程第 3 章的有关规定。行驶部分应符合本规程第 6 章的有关规定。

8.1.2 液压系统的溢流阀、安全阀应齐全有效，调定压力应符合说明书要求。系统应无泄漏，工作应平稳，不得有异响。

8.1.3 混凝土机械的工作机构、制动器、离合器、各种仪表及安全装置应齐全完好。

8.1.4 电气设备作业应符合现行行业标准《施工现场临时用电安全技术规范》JGJ46 的有关规定。插入式、平板式振捣器的漏电保护器应采用防溅型产品，其额定漏电动作电流不应大于 15mA；额定漏电动作时间不应大于 0.1s。

8.1.5 冬期施工，机械设备的管道、水泵及水冷却装置应采取防冻保温措施。

8.2 混凝土搅拌机

8.2.1 作业区应排水通畅，并应设置沉淀池及防尘设施。

8.2.2 操作人员视线应良好。操作台应铺设绝缘垫板。

8.2.3 作业前应重点检查下列项目，并应符合相应要求：

　　1 料斗上、下限位装置应灵敏有效，保险销、保险链应齐全完好。钢丝绳报废应按现行国家标准《起重机　钢丝绳　保养、维护、安装、检验和报废》GB/T 5972 的规定执行；

　　2 制动器、离合器应灵敏可靠；

　　3 各传动机构、工作装置应正常。开式齿轮、皮带轮等传动装置的安全防护罩应齐全可靠。齿轮箱、液压油箱内的油质和油量应符合要求；

    4   搅拌筒与托轮接触应良好，不得窜动、跑偏；

    5   搅拌筒内叶片应紧固，不得松动，叶片与衬板间隙应符合说明书规定；

    6   搅拌机开关箱应设置在距搅拌机 5m 的范围内。

8.2.4 作业前应进行空载运转，确认搅拌筒或叶片运转方向正确。反转出料的搅拌机应进行正、反转运转。空载运转时，不得有冲击现象和异常声响。

8.2.5 供水系统的仪表计量应准确，水泵、管道等部件应连接可靠，不得有泄漏。

8.2.6 搅拌机不宜带载启动，在达到正常转速后上料，上料量及上料程序应符合使用说明书的规定。

8.2.7 **料斗提升时，人员严禁在料斗下停留或通过；当需在料斗下方进行清理或检修时，应将料斗提升至上止点，并必须用保险销锁牢或用保险链挂牢。**

8.2.8 搅拌机运转时，不得进行维修、清理工作。当作业人员需进入搅拌筒内作业时，应先切断电源，锁好开关箱，悬挂"禁止合闸"的警示牌，并应派专人监护。

8.2.9 作业完毕，宜将料斗降到最低位置，并应切断电源。

8.3 混凝土搅拌运输车

8.3.1 混凝土搅拌运输车的内燃机和行驶部分应分别符合本规程第 3 章和第 6 章的有关规定。

8.3.2 液压系统和气动装置的安全阀、溢流阀的调整压力应符合使用说明书的要求。卸料槽锁扣及搅拌筒的安全锁定装置应齐全完好。

8.3.3 燃油、润滑油、液压油、制动液及冷却液应添加充足，质量应符合要求，不得有渗漏。

8.3.4 搅拌筒及机架缓冲件应无裂纹或损伤，筒体与托轮应接触良好。搅拌叶片、进料斗、主辅卸料槽不得有严重磨损和变形。

8.3.5 装料前应先启动内燃机空载运转，并低速旋转搅拌筒 3min～5min，当各仪表指示正常、制动气压达到规定值时，并检查确认后装料。装载量不得超过规定值。

8.3.6 行驶前，应确认操作手柄处于"搅动"位置并锁定，卸料槽锁扣应扣牢。搅拌行驶时最高速度不得大于 50km/h。

8.3.7 出料作业时，应将搅拌运输车停靠在地势平坦处，应与基坑及输电线路保持安全距离，并应锁定制动系统。

8.3.8 进入搅拌筒维修、清理混凝土前，应将发动机熄火，操作杆置于空挡，将发动机钥匙取出，并应设专人监护，悬挂安全警示牌。

8.4 混凝土输送泵

8.4.1 混凝土泵应安放在平整、坚实的地面上，周围不得有障碍物，支腿应支设牢靠，机身应保持水平和稳定，轮胎应揳紧。

8.4.2 混凝土输送管道的敷设应符合下列规定：

1 管道敷设前应检查并确认管壁的磨损量应符合使用说明书的要求，管道不得有裂纹、砂眼等缺陷。新管或磨损量较小的管道应敷设在泵出口处；

2 管道应使用支架或与建筑结构固定牢固。泵出口处的管道底部应依据泵送高度、混凝土排量等设置独立的基础，并能承受相应荷载；

3 敷设垂直向上的管道时，垂直管不得直接与泵的输出口连接，应在泵与垂直管之间敷设长度不小于 15m 的水平管，并加装逆止阀；

4 敷设向下倾斜的管道时，应在泵与斜管之间敷设长度不小于 5 倍落差的水平管。当倾斜度大于 7°时，应加装排气阀。

8.4.3 作业前应检查并确认管道连接处管卡扣牢，不得泄漏。混凝土泵的安全防护装置应齐全可靠，各部位操纵开关、手柄等位置应正确，搅拌斗防护网应完好牢固。

8.4.4 砂石粒径、水泥强度等级及配合比应符合出厂规定，并应满足混凝土泵的泵送要求。

8.4.5 混凝土泵启动后，应空载运转，观察各仪表的指示值，检查泵和搅拌装置的运转情况，并确认一切正常后作业。泵送前应向料斗加入清水和水泥砂浆润滑泵及管道。

8.4.6 混凝土泵在开始或停止泵送混凝土前，作业人员应与出料软管保持安全距离，作业人员不得在出料口下方停留。出料软管不得埋在混凝土中。

8.4.7 泵送混凝土的排量、浇注顺序应符合混凝土浇筑施工方案的要求。施工荷载应控制在允许范围内。

8.4.8 混凝土泵工作时，料斗中混凝土应保持在搅拌轴线以上，不应吸空或无料泵送。

8.4.9 混凝土泵工作时，不得进行维修作业。

8.4.10 混凝土泵作业中，应对泵送设备和管路进行观察，发现隐患应及时处理。对磨损超过规定的管子、卡箍、密封圈等应及时更换。

8.4.11 混凝土泵作业后应将料斗和管道内的混凝土全部排出，并对泵、料斗、管道进行清洗。清洗作业应按说明书要求进行。不宜采用压缩空气进行清洗。

8.5 混凝土泵车

8.5.1 混凝土泵车应停放在平整坚实的地方，与沟槽和基坑的安全距离应符合使用说明书的要求。臂架回转范围内不得有障碍物，与输电线路的安全距离应符合现行行业标准《施工现场临时用电安全技术规范》JGJ46 的有关规定。

8.5.2 混凝土泵车作业前，应将支腿打开，并应采用垫木垫平，车身的倾斜度不应大于3°。

8.5.3 作业前应重点检查下列项目，并应符合相应要求：

   1 安全装置应齐全有效，仪表应指示正常；

   2 液压系统、工作机构应运转正常；

3 料斗网格应完好牢固；

4 软管安全链与臂架连接应牢固。

8.5.4 伸展布料杆应按出厂说明书的顺序进行。布料杆在升离支架前不得回转。不得用布料杆起吊或拖拉物件。

8.5.5 当布料杆处于全伸状态时，不得移动车身。当需要移动车身时，应将上段布料杆折叠固定，移动速度不得超过10km/h。

8.5.6 不得接长布料配管和布料软管。

8.6 插入式振捣器

8.6.1 作业前应检查电动机、软管、电缆线、控制开关等，并应确认处于完好状态。电缆线连接应正确。

8.6.2 操作人员作业时应穿戴符合要求的绝缘鞋和绝缘手套。

8.6.3 电缆线应采用耐候型橡皮护套铜芯软电缆，并不得有接头。

8.6.4 电缆线长度不应大于30m。不得缠绕、扭结和挤压，并不得承受任何外力。

8.6.5 振捣器软管的弯曲半径不得小于500mm，操作时应将振捣器垂直插入混凝土，深度不宜超过600mm。

8.6.6 振捣器不得在初凝的混凝土、脚手板和干硬的地面上进行试振。在检修或作业间断时，应切断电源。

8.6.7 作业完毕，应切断电源，并应将电动机、软管及振动棒清理干净。

8.7 附着式、平板式振捣器

8.7.1 作业前应检查电动机、电源线、控制开关等，并确认完好无破损。附着式振捣器的安装位置应正确，连接应牢固，并应安装减振装置。

8.7.2 操作人员穿戴应符合本规程第8.6.2条的要求。

8.7.3 平板式振捣器应采用耐气候型橡皮护套铜芯软电缆，并不得有接头和承受任何外力，其长度不应超过 30m。

8.7.4 附着式、平板式振捣器的轴承不应承受轴向力，振捣器使用时，应保持振捣器电动机轴线在水平状态。

8.7.5 附着式、平板式振捣器的使用应符合本规程第 8.6.6 条的规定。

8.7.6 平板式振捣器作业时应使用牵引绳控制移动速度，不得牵拉电缆。

8.7.7 在同一块混凝土模板上同时使用多台附着式振捣器时，各振动器的振频应一致，安装位置宜交错设置。

8.7.8 安装在混凝土模板上的附着式振捣器，每次作业时间应根据施工方案确定。

8.7.9 作业完毕，应切断电源，并应将振捣器清理干净。

8.8 混凝土振动台

8.8.1 作业前应检查电动机、传动及防护装置，并确认完好有效。轴承座、偏心块及机座螺栓应紧固牢靠。

8.8.2 振动台应设有可靠的锁紧夹，振动时应将混凝土槽锁紧，混凝土模板在振动台上不得无约束振动。

8.8.3 振动台电缆应穿在电管内，并预埋牢固。

8.8.4 作业前应检查并确认润滑油不得有泄漏，油温、传动装置应符合要求。

8.8.5 在作业过程中，不得调节预置拨码开关。

8.8.6 振动台应保持清洁。

8.9 混凝土喷射机

8.9.1 喷射机风源、电源、水源、加料设备等应配套齐全。

8.9.2 管道应安装正确，连接处应紧固密封。当管道通过道路时，管道应有保护措施。

8.9.3 喷射机内部应保持干燥和清洁。应按出厂说明书规定的配合比配料，不得使用结块的水泥和未经筛选的砂石。

8.9.4 作业前应重点检查下列项目，并应符合相应要求：

1 安全阀应灵敏可靠；

2 电源线应无破损现象，接线应牢靠；

3 各部密封件应密封良好，橡胶结合板和旋转板上出现的明显沟槽应及时修复；

4 压力表指针显示应正常。应根据输送距离，及时调整风压的上限值；

5 喷枪水环管应保持畅通。

8.9.5 启动时，应按顺序分别接通风、水、电。开启进气阀时，应逐步达到额定压力。启动电动机后，应空载试运转，确认一切正常后方可投料作业。

8.9.6 机械操作人员和喷射作业人员应有信号联系，送风、加料、停料、停风及发生堵塞时，应联系畅通，密切配合。

8.9.7 喷嘴前方不得有人员。

8.9.8 发生堵管时，应先停止喂料，敲击堵塞部位，使物料松散，然后用压缩空气吹通。操作人员作业时，应紧握喷嘴，不得甩动管道。

8.9.9 作业时，输送软管不得随地拖拉和折弯。

8.9.10 停机时，应先停止加料，再关闭电动机，然后停止供水，最后停送压缩空气，并应将仓内及输料管内的混合料全部喷出。

8.9.11 停机后，应将输料管、喷嘴拆下清洗干净，清除机身内外粘附的混凝土料及杂物，并应使密封件处于放松状态。

8.10 混凝土布料机

8.10.1 设置混凝土布料机前，应确认现场有足够的作业空间，混凝土布料机任一部位与其他设备及构筑物的安全距离不应小于 0.6m。

8.10.2 混凝土布料机的支撑面应平整坚实。固定式混凝土布料机的支撑应符合使用说明书的要求，支撑结构应经设计计算，并应采取相应加固措施。

8.10.3 手动式混凝土布料机应有可靠的防倾覆措施。

8.10.4 混凝土布料机作业前应重点检查下列项目，并应符合相应要求：

    1 支腿应打开垫实，并应锁紧；

    2 塔架的垂直度应符合使用说明书要求；

    3 配重块应与臂架安装长度匹配；

    4 臂架回转机构润滑应充足，转动应灵活；

    5 机动混凝土布料机的动力装置、传动装置、安全及制动装置应符合要求；

    6 混凝土输送管道应连接牢固。

8.10.5 手动混凝土布料机回转速度应缓慢均匀，牵引绳长度应满足安全距离的要求。

8.10.6 输送管出料口与混凝土浇筑面宜保持 1m 的距离，不得被混凝土掩埋。

8.10.7 人员不得在臂架下方停留。

8.10.8 当风速达到 10.8m/s 及以上或大雨、大雾等恶劣天气应停止作业。

9 钢筋加工机械

9.1 一般规定

9.1.1 机械的安装应坚实稳固。固定式机械应有可靠的基础；移动式机械作业时应揳紧行走轮。

9.1.2 手持式钢筋加工机械作业时，应佩戴绝缘手套等防护用品。

9.1.3 加工较长的钢筋时，应有专人帮扶。帮扶人员应听从机械操作人员指挥，不得任意推拉。

9.2 钢筋调直切断机

9.2.1 料架、料槽应安装平直，并应与导向筒、调直筒和下切刀孔的中心线一致。

9.2.2 切断机安装后，应用手转动飞轮，检查传动机构和工作装置，并及时调整间隙，紧固螺栓。在检查并确认电气系统正常后，进行空运转。切断机空运转时，齿轮应啮合良好，并不得有异响，确认正常后开始作业。

9.2.3 作业时，应按钢筋的直径，选用适当的调直块、曳引轮槽及传动速度。调直块的孔径应比钢筋直径大 2mm～5mm。曳引轮槽宽应和所需调直钢筋的直径相符合。大直径钢筋宜选用较慢的传动速度。

9.2.4 在调直块未固定或防护罩未盖好前，不得送料。作业中，不得打开防护罩。

9.2.5 送料前，应将弯曲的钢筋端头切除。导向筒前应安装一根长度宜为 1m 的钢管。

9.2.6 钢筋送入后，手应与曳轮保持安全距离。

9.2.7 当调直后的钢筋仍有慢弯时，可逐渐加大调直块的偏移量，直到调直为止。

9.2.8 切断 3 根～4 根钢筋后，应停机检查钢筋长度，当超过允许偏差时，应及时调整限位开关或定尺板。

9.3 钢筋切断机

9.3.1 接送料的工作台面应和切刀下部保持水平，工作台的长度应根据加工材料长度确定。

9.3.2 启动前，应检查并确认切刀不得有裂纹，刀架螺栓应紧固，防护罩应牢靠。应用手转动皮带轮，检查齿轮啮合间隙，并及时调整。

9.3.3 启动后，应先空运转，检查并确认各传动部分及轴承运转正常后，开始作业。

9.3.4 机械未达到正常转速前，不得切料。操作人员应使用切刀的中、下部位切料，应紧握钢筋对准刃口迅速投入，并应站在固定刀片一侧用力压住钢筋，防止钢筋末端弹出伤人。不得用双手分在刀片两边握住钢筋切料。

9.3.5 操作人员不得剪切超过机械性能规定强度及直径的钢筋或烧红的钢筋。一次切断多根钢筋时，其总截面积应在规定范围内。

9.3.6 剪切低合金钢筋时，应更换高硬度切刀，剪切直径应符合机械性能的规定。

9.3.7 切断短料时，手和切刀之间的距离应大于 150mm，并应采用套管或夹具将切断的短料压住或夹牢。

9.3.8 机械运转中，不得用手直接清除切刀附近的断头和杂物。在钢筋摆动范围和机械周围，非操作人员不得停留。

9.3.9 当发现机械有异常响声或切刀歪斜等不正常现象时，应立即停机检修。

9.3.10 液压式切断机启动前，应检查并确认液压油位符合规定。切断机启动后，应空载运转，检查并确认电动机旋转方向应符合规定，并应打开放油阀，在排净液压缸体内的空气后开始作业。

9.3.11 手动液压式切断机使用前,应将放油阀按顺时针方向旋紧,作业完毕后,应立即按逆时针方向旋松。

9.4 钢筋弯曲机

9.4.1 工作台和弯曲机台面应保持水平。

9.4.2 作业前应准备好各种芯轴及工具,并应按加工钢筋的直径和弯曲半径的要求,装好相应规格的芯轴和成型轴、挡铁轴。

9.4.3 芯轴直径应为钢筋直径的 2.5 倍。挡铁轴应有轴套。挡铁轴的直径和强度不得小于被弯钢筋的直径和强度。

9.4.4 启动前,应检查并确认芯轴、挡铁轴、转盘等不得有裂纹和损伤,防护罩应有效。在空载运转并确认正常后,开始作业。

9.4.5 作业时,应将需弯曲的一端钢筋插入在转盘固定销的间隙内,将另一端紧靠机身固定销,并用手压紧,在检查并确认机身固定销安放在挡住钢筋的一侧后,启动机械。

9.4.6 弯曲作业时,不得更换轴芯、销子和变换角度以及调速,不得进行清扫和加油。

9.4.7 对超过机械铭牌规定直径的钢筋不得进行弯曲。在弯曲未经冷拉或带有锈皮的钢筋时,应戴防护镜。

9.4.8 在弯曲高强度钢筋时,应进行钢筋直径换算,钢筋直径不得超过机械允许的最大弯曲能力,并应及时调换相应的芯轴。

9.4.9 操作人员应站在机身设有固定销的一侧。成品钢筋应堆放整齐,弯钩不得朝上。

9.4.10 转盘换向应在弯曲机停稳后进行。

9.5 钢筋冷拉机

9.5.1 应根据冷拉钢筋的直径,合理选用冷拉卷扬机。卷扬钢丝绳应经封闭式导向滑轮,并应和被拉钢筋成直角。操作人员应能见到全部冷拉场地。卷扬机与冷拉中心线距离不得小于 5m。

9.5.2 冷拉场地应设置警戒区，并应安装防护栏及警告标志。非操作人员不得进入警戒区。作业时，操作人员与受拉钢筋的距离应大于 2m。

9.5.3 采用配重控制的冷拉机应有指示起落的记号或专人指挥。冷拉机的滑轮、钢丝绳应相匹配。配重提起时，配重离地高度应小于 300mm。配重架四周应设置防护栏杆及警告标志。

9.5.4 作业前，应检查冷拉机，夹齿应完好；滑轮、拖拉小车应润滑灵活；拉钩、地锚及防护装置应齐全牢固。

9.5.5 采用延伸率控制的冷拉机，应设置明显的限位标志，并应有专人负责指挥。

9.5.6 照明设施宜设置在张拉警戒区外。当需设置在警戒区内时，照明设施安装高度应大于 5m，并应有防护罩。

9.5.7 作业后，应放松卷扬钢丝绳，落下配重，切断电源，并锁好开关箱。

9.6 钢筋冷拔机

9.6.1 启动机械前，应检查并确认机械各部连接应牢固，模具不得有裂纹，轧头与模具的规格应配套。

9.6.2 钢筋冷拔量应符合机械出厂说明书的规定。机械出厂说明书未作规定时，可按每次冷拔缩减模具孔径 0.5mm～1.0mm 进行。

9.6.3 轧头时，应先将钢筋的一端穿过模具，钢筋穿过的长度宜为 100mm～150mm，再用夹具夹牢。

9.6.4 作业时，操作人员的手与轧辊应保持 300mm～500mm 的距离。不得用手直接接触钢筋和滚筒。

9.6.5 冷拔模架中应随时加足润滑剂，润滑剂可采用石灰和肥皂水调和晒干后的粉末。

9.6.6 当钢筋的末端通过冷拔模后，应立即脱开离合器，同时用手闸挡住钢筋末端。

9.6.7 冷拔过程中，当出现断丝或钢筋打结乱盘时，应立即停机处理。

9.7 钢筋螺纹成型机

9.7.1 在机械使用前，应检查并确认刀具安装应正确，连接应牢固，运转部位润滑应良好，不得有漏电现象，空车试运转并确认正常后作业。

9.7.2 钢筋应先调直再下料。钢筋切口端面应与轴线垂直，不得用气割下料。

9.7.3 加工锥螺纹时，应采用水溶性切削润滑液。当气温低于0℃时，可掺入15%～20%亚硝酸钠。套丝作业时，不得用机油作润滑液或不加润滑液。

9.7.4 加工时，钢筋应夹持牢固。

9.7.5 机械在运转过程中，不得清扫刀片上面的积屑杂物和进行检修。

9.7.6 不得加工超过机械铭牌规定直径的钢筋。

9.8 钢筋除锈机

9.8.1 作业前应检查并确认钢丝刷应固定牢靠，传动部分应润滑充分，封闭式防护罩及排尘装置等应完好。

9.8.2 操作人员应束紧袖口，并应佩戴防尘口罩、手套和防护眼镜。

9.8.3 带弯钩的钢筋不得上机除锈。弯度较大的钢筋宜在调直后除锈。

9.8.4 操作时，应将钢筋放平，并侧身送料。不得在除锈机正面站人。较长钢筋除锈时，应有2人配合操作。

10 木 工 机 械

10.1 一 般 规 定

10.1.1 机械操作人员应穿紧口衣裤，并束紧长发，不得系领带和戴手套。

10.1.2 机械的电源安装和拆除及机械电气故障的排除，应由专业电工进行。机械应使用单向开关，不得使用倒顺双向开关。

10.1.3 机械安全装置应齐全有效，传动部位应安装防护罩，各部件应连接紧固。

10.1.4 机械作业场所应配备齐全可靠的消防器材。在工作场所，不得吸烟和动火，并不得混放其他易燃易爆物品。

10.1.5 工作场所的木料应堆放整齐，道路应畅通。

10.1.6 机械应保持清洁，工作台上不得放置杂物。

10.1.7 机械的皮带轮、锯轮、刀轴、锯片、砂轮等高速转动部件的安装应平衡。

10.1.8 各种刀具破损程度不得超过使用说明书的规定要求。

10.1.9 加工前，应清除木料中的铁钉、铁丝等金属物。

10.1.10 装设除尘装置的木工机械作业前，应先启动排尘装置，排尘管道不得变形、漏气。

10.1.11 机械运行中，不得测量工件尺寸和清理木屑、刨花和杂物。

10.1.12 机械运行中，不得跨越机械传动部分。排除故障、拆装刀具应在机械停止运转，并切断电源后进行。

10.1.13 操作时，应根据木材的材质、粗细、湿度等选择合适的切削和进给速度。操作人员与辅助人员应密切配合，并应同步匀速接送料。

10.1.14 使用多功能机械时，应只使用其中一种功能，其他功能的装置不得妨碍操作。

10.1.15 作业后，应切断电源，锁好闸箱，并应进行清理、润滑。

10.1.16 机械噪声不应超过建筑施工场界噪声限值；当机械噪声超过限值时，应采取降噪措施。机械操作人员应按规定佩戴个人防护用品。

10.2 带 锯 机

10.2.1 作业前，应对锯条及锯条安装质量进行检查。锯条齿侧或锯条接头处的裂纹长度超过 10mm、连续缺齿两个和接头超过两处的锯条不得使用。当锯条裂纹长度在 10mm 以下时，应在裂纹终端冲一止裂孔。锯条松紧度应调整适当。带锯机启动后，应空载试运转，并应确认运转正常，无串条现象后，开始作业。

10.2.2 作业中，操作人员应站在带锯机的两侧，跑车开动后，行程范围内的轨道周围不应站人，不应在运行中跑车。

10.2.3 原木进锯前，应调好尺寸，进锯后不得调整。进锯速度应均匀。

10.2.4 倒车应在木材的尾端越过锯条 500mm 后进行，倒车速度不宜过快。

10.2.5 平台式带锯作业时，送接料应配合一致。送料、接料时不得将手送进台面。锯短料时，应采用推棍送料。回送木料时，应离开锯条 50mm 及以上。

10.2.6 带锯机运转中，当木屑堵塞吸尘管口时，不得清理管口。

10.2.7 作业中，应根据锯条的宽度与厚度及时调节档位或增减带锯机的压砣（重锤）。当发生锯条口松或串条等现象时，不得用增加压砣（重锤）重量的办法进行调整。

10.3 圆 盘 锯

10.3.1 木工圆锯机上的旋转锯片必须设置防护罩。

10.3.2 安装锯片时，锯片应与轴同心，夹持锯片的法兰盘直径应为锯片直径的 1/4。

10.3.3 锯片不得有裂纹。锯片不得有连续 2 个及以上的缺齿。

10.3.4 被锯木料的长度不应小于 500mm。作业时，锯片应露出木料 10mm～20mm。

10.3.5 送料时，不得将木料左右晃动或抬高；遇木节时，应缓慢送料；接近端头时，应采用推棍送料。

10.3.6 当锯线走偏时，应逐渐纠正，不得猛扳，以防止损坏锯片。

10.3.7 作业时，操作人员应戴防护眼镜，手臂不得跨越锯片，人员不得站在锯片的旋转方向。

10.4 平面刨（手压刨）

10.4.1 刨料时，应保持身体平稳，用双手操作。刨大面时，手应按在木料上面；刨小料时，手指不得低于料高一半。不得手在料后推料。

10.4.2 当被刨木料的厚度小于 30mm，或长度小于 400mm 时，应采用压板或推棍推进。厚度小于 15mm，或长度小于 250mm 的木料，不得在平刨上加工。

10.4.3 刨旧料前，应将料上的钉子、泥砂清除干净。被刨木料如有破裂或硬节等缺陷时，应处理后再施刨。遇木槎、节疤应缓慢送料。不得将手按在节疤上强行送料。

10.4.4 刀片、刀片螺钉的厚度和重量应一致，刀架与夹板应吻合贴紧，刀片焊缝超出刀头或有裂缝的刀具不应使用。刀片紧固螺钉应嵌入刀片槽内，并离刀背不得小于 10mm。刀片紧固力应符合使用说明书的规定。

10.4.5 机械运转时，不得将手伸进安全挡板里侧去移动挡板或拆除安全挡板。

10.5 压刨床（单面和多面）

10.5.1 作业时，不得一次刨削两块不同材质或规格的木料，被刨木料的厚度不得超过使用说明书的规定。

10.5.2 操作者应站在进料的一侧。送料时应先进大头。接料人员应在被刨料离开料辊后接料。

10.5.3 刨刀与刨床台面的水平间隙应在 10mm～30mm 之间。不得使用带开口槽的刨刀。

10.5.4 每次进刀量宜为 2mm～5mm。遇硬木或节疤，应减小进刀量，降低送料速度。

10.5.5 刨料的长度不得小于前后压辊之间距离。厚度小于 10mm 的薄板应垫托板作业。

10.5.6 压刨床的逆止爪装置应灵敏有效。进料齿辊及托料光辊应调整水平，上下距离应保持一致，齿辊应低于工件表面 1mm～2mm，光辊应高出台面 0.3mm～0.8mm。工作台面不得歪斜和高低不平。

10.5.7 刨削过程中，遇木料走横或卡住时，应先停机，再放低台面，取出木料，排除故障。

10.5.8 安装刀片时，应按本规程第 10.4.4 条的规定执行。

10.6 木 工 车 床

10.6.1 车削前，应对车床各部装置及工具、卡具进行检查，并确认安全可靠。工件应卡紧，并应采用顶针顶紧。应进行试运转，确认正常后，方可作业。应根据工件木质的硬度，选择适当的进刀量和转速。

10.6.2 车削过程中，不得用手摸的方法检查工件的光滑程度。当采用砂纸打磨时，应先将刀架移开。车床转动时，不得用手来制动。

10.6.3 方形木料应先加工成圆柱体，再上车床加工。不得切削有节疤或裂缝的料料。

10.7 木工铣床（裁口机）

10.7.1 作业前，应对铣床各部件及铣刀安装进行检查，铣刀不得有裂纹或缺损，防护装置及定位止动装置应齐全可靠。

10.7.2 当木料有硬节时，应低速送料。应在木料送过铣刀口150mm后，再进行接料。

10.7.3 当木料铣切到端头时，应在已铣切的一端接料。送短料时，应用推料棍。

10.7.4 铣切量应按使用说明书的规定执行。不得在木料中间插刀。

10.7.5 卧式铣床的操作人员作业时，应站在刀刃侧面，不得面对刀刃。

10.8 开 榫 机

10.8.1 作业前，应紧固好刨刀、锯片，并试运转3min～5min，确认正常后作业。

10.8.2 作业时，应侧身操作，不得面对刀具。

10.8.3 切削时，应用压料杆将木料压紧，在切削完毕前，不得松开压料杆。短料开榫时，应用垫板将木料夹牢，不得用手直接握料作业。

10.8.4 不得上机加工有节疤的木料。

10.9 打 眼 机

10.9.1 作业前，应调整好机架和卡具，台面应平稳，钻头应垂直，凿心应在凿套中心卡牢，并应与加工的钻孔垂直。

10.9.2 打眼时，应使用夹料器，不得用手直接扶料。遇节疤时，应缓慢压下，不得用力过猛。

10.9.3 作业中，当凿心卡阻或冒烟时，应立即抬起手柄。不得用手直接清理钻出的木屑。

10.9.4 更换凿心时，应先停车，切断电源，并应在平台上垫上木板后进行。

10.10 锉 锯 机

10.10.1 作业前，应检查并确认砂轮不得有裂缝和破损，并应安装牢固。

10.10.2 启动时，应先空运转，当有剧烈振动时，应找出偏重位置，调整平衡。

10.10.3 作业时，操作人员不得站在砂轮旋转时离心力方向一侧。

10.10.4 当撑齿钩遇到缺齿或撑钩妨碍锯条运动时，应及时处理。

10.10.5 锉磨锯齿的速度宜按下列规定执行：带锯应控制在 40 齿/min～70 齿/min；圆锯应控制在 26 齿/min～30 齿/min。

10.10.6 锯条焊接时应接合严密，平滑均匀，厚薄一致。

10.11 磨 光 机

10.11.1 作业前，应对下列项目进行检查，并符合相应要求：

　　1 盘式磨光机防护装置应齐全有效；

　　2 砂轮应无裂纹破损；

　　3 带式磨光机砂筒上砂带的张紧度应适当；

　　4 各部轴承应润滑良好，紧固连接件应连接可靠。

10.11.2 磨削小面积工件时，宜尽量在台面整个宽度内排满工件，磨削时，应渐次连续进给。

10.11.3 带式磨光机作业时，压垫的压力应均匀。砂带纵向移动时，砂带应和工作台横向移动互相配合。

10.11.4 盘式磨光机作业时，工件应放在向下旋转的半面进行磨光。手不得靠近磨盘。

11 地下施工机械

11.1 一般规定

11.1.1 地下施工机械选型和功能应满足施工地质条件和环境安全要求。

11.1.2 地下施工机械及配套设施应在专业厂家制造，应符合设计要求，并应在总装调试合格后才能出厂。出厂时，应具有质量合格证书和产品使用说明书。

11.1.3 作业前，应充分了解施工作业周边环境，对邻近建（构）筑物、地下管网等应进行监测，并应制定对建（构）筑物、地下管线保护的专项安全技术方案。

11.1.4 作业中，应对有害气体及地下作业面通风量进行监测，并应符合职业健康安全标准的要求。

11.1.5 作业中，应随时监视机械各运转部位的状态及参数，发现异常时，应立即停机检修。

11.1.6 气动设备作业时，应按照相关设备使用说明书和气动设备的操作技术要求进行施工。

11.1.7 应根据现场作业条件，合理选择水平及垂直运输设备，并应按相关规范执行。

11.1.8 地下施工机械作业时，必须确保开挖土体稳定。

11.1.9 地下施工机械施工过程中，当停机时间较长时，应采取措施，维持开挖面稳定。

11.1.10 地下施工机械使用前，应确认其状态良好，满足作业要求。使用过程中，应按使用说明书的要求进行保养、维修，并应及时更换受损的零件。

11.1.11 掘进过程中，遇到施工偏差过大、设备故障、意外的地质变化等情况时，必须暂停施工，经处理后再继续。

11.1.12 地下大型施工机械设备的安装、拆卸应按使用说明书的规定进行，并应制定专项施工方案，由专业队伍进行施工，安装、拆卸过程中应有专业技术和安全人员监护。大型设备吊装应符合本规程第4章的有关规定。

11.2 顶 管 机

11.2.1 选择顶管机，应根据管道所处土层性质、管径、地下水位、附近地上与地下建（构）筑物和各种设施等因素，经技术经济比较后确定。

11.2.2 导轨应选用钢质材料制作，安装后应牢固，不得在使用中产生位移，并应经常检查校核。

11.2.3 千斤顶的安装应符合下列规定：

1 千斤顶宜固定在支撑架上，并应与管道中心线对称，其合力应作用在管道中心的垂面上；

2 当千斤顶多于一台时，宜取偶数，且其规格宜相同；当规格不同时，其行程应同步，并应将同规格的千斤顶对称布置；

3 千斤顶的油路应并联，每台千斤顶应有进油、回油的控制系统。

11.2.4 油泵和千斤顶的选型应相匹配，并应有备用油泵；油泵安装完毕，应进行试运转，并应在合格后使用。

11.2.5 顶进前，全部设备应经过检查并经过试运转确认合格。

11.2.6 顶进时，工作人员不得在顶铁上方及侧面停留，并应随时观察顶铁有无异常迹象。

11.2.7 顶进开始时，应先缓慢进行，在各接触部位密合后，再按正常顶进速度顶进。

11.2.8 千斤顶活塞退回时，油压不得过大，速度不得过快。

11.2.9 安装后的顶铁轴线应与管道轴线平行、对称。顶铁、导轨和顶铁之间的接触面不得有杂物。

11.2.10 顶铁与管口之间应采用缓冲材料衬垫。

11.2.11 管道顶进应连续作业。管道顶进过程中，遇下列情况之一时，应立即停止顶进，检查原因并经处理后继续顶进：

1 工具管前方遇到障碍；

2 后背墙变形严重；

3 顶铁发生扭曲现象；

4 管位偏差过大且校正无效；

5 顶力超过管端的允许顶力；

6 油泵、油路发生异常现象；

7 管节接缝、中继间渗漏泥水、泥浆；

8 地层、邻近建（构）筑物、管线等周围环境的变形量超出控制允许值。

11.2.12 使用中继间应符合下列规定：

1 中继间安装时应将凸头安装在工具管方向，凹头安装在工作井一端；

2 中继间应有专职人员进行操作，同时应随时观察有可能发生的问题；

3 中继间使用时，油压、顶力不宜超过设计油压顶力，应避免引起中继间变形；

4 中继间应安装行程限位装置，单次推进距离应控制在设计允许距离内；

5 穿越中继间的高压进水管、排泥管等软管应与中继间保持一定距离，应避免中继间往返时损坏管线。

11.3 盾 构 机

11.3.1 盾构机组装前，应对推进千斤顶、拼装机、调节千斤顶进行试验验收。

11.3.2 盾构机组装前，应将防止盾构机后退的推进系统平衡阀、调节拼装机的回转平衡阀的二次溢流压力调到设计压力值。

11.3.3 盾构机组装前，应将液压系统各非标制品的阀组按设计要求进行密闭性试验。

11.3.4 盾构机组装完成后，应先对各部件、各系统进行空载、负载调试及验收，最后应进行整机空载和负载调试及验收。

11.3.5 盾构机始发、接收前，应落实盾构基座稳定措施，确保牢固。

11.3.6 盾构机应在空载调试运转正常后，开始盾构始发施工。在盾构始发阶段，应检查各部位润滑并记录油脂消耗情况；初始推进过程中，应对推进情况进行监测，并对监测反馈资料进行分析，不断调整盾构掘进施工参数。

11.3.7 盾构掘进中，每环掘进结束及中途停止掘进时，应按规定程序操作各种机电设备。

11.3.8 盾构掘进中，当遇有下列情况之一时，应暂停施工，并应在排除险情后继续施工：

    1 盾构位置偏离设计轴线过大；

    2 管片严重碎裂和渗漏水；

    3 开挖面发生坍塌或严重的地表隆起、沉降现象；

    4 遭遇地下不明障碍物或意外的地质变化；

    5 盾构旋转角度过大，影响正常施工；

    6 盾构扭矩或顶力异常。

11.3.9 盾构暂停掘进时，应按程序采取稳定开挖面的措施，确保暂停施工后盾构姿态稳定不变。暂停掘进前，应检查并确认推进液压系统不得有渗漏现象。

11.3.10 双圆盾构掘进时，双圆盾构两刀盘应相向旋转，并保持转速一致，不得接触和碰撞。

11.3.11 盾构带压开仓更换刀具时，应确保工作面稳定，并应进行持续充分的通风及毒气测试合格后，进行作业。地下情况较复杂时，作业人员应戴防毒面具。更换刀具时，应按专项方案和安全规定执行。

11.3.12 盾构切口与到达接收井距离小于 10m 时，应控制盾构推进速度、开挖面压力、排土量。

11.3.13 盾构推进到冻结区域停止推进时，应每隔 10min 转动刀盘一次，每次转动时间不得少于 5min。

11.3.14 当盾构全部进入接收井内基座上后，应及时做好管片与洞圈间的密封。

11.3.15 盾构调头时应专人指挥，应设专人观察设备转向状态，避免方向偏离或设备碰撞。

11.3.16 管片拼装时，应按下列规定执行：

1 管片拼装应落实专人负责指挥，拼装机操作人员应按照指挥人员的指令操作，不得擅自转动拼装机；

2 举重臂旋转时，应鸣号警示，严禁施工人员进入举重臂回转范围内。拼装工应在全部就位后开始作业。在施工人员未撤离施工区域时，严禁启动拼装机；

3 拼装管片时，拼装工必须站在安全可靠的位置，不得将手脚放在环缝和千斤顶的顶部；

4 举重臂应在管片固定就位后复位。封顶拼装就位未完毕时，施工人员不得进入封顶块的下方；

5 举重臂拼装头应拧紧到位，不得松动，发现有磨损情况时，应及时更换，不得冒险吊运；

6 管片在旋转上升之前，应用举重臂小脚将管片固定，管片在旋转过程中不得晃动；

7 当拼装头与管片预埋孔不能紧固连接时，应制作专用的拼装架。拼装架设计应经技术部门审批，并经过试验合格后开始使用；

8 拼装管片应使用专用的拼装销，拼装销应有限位装置；

9 装机回转时，在回转范围内，不得有人；

10 管片吊起或升降架旋回到上方时，放置时间不应超过 3min。

11.3.17 盾构的保养与维修应坚持"预防为主、经常检测、强制保养、养修并重"的原则，并应由专业人员进行保养与维修。

11.3.18 盾构机拆除退场时，应按下列规定执行：

1 机械结构部分应先按液压、泥水、注浆、电气系统顺序拆卸，最后拆卸机械结构件；

2 吊装作业时，应仔细检查并确认盾构机各连接部件与盾构机已彻底拆开分离，千斤顶全部缩回到位，所有注浆、泥水系统的手动阀门已关闭；

3 大刀盘应按要求位置停放，在井下分解后，应及时吊上地面；

4 拼装机按规定位置停放，举重钳应缩到底；提升横梁应烧焊马脚固定，同时在拼装机横梁底部应加焊接支撑，防止下坠。

11.3.19 盾构机转场运输时，应按下列规定执行：

1 应根据设备的最大尺寸，对运输线路进行实地勘察；

2 设备应与运输车辆有可靠固定措施；

3 设备超宽、超高时，应按交通法规办理各类通行证。

12 焊接机械

12.1 一般规定

12.1.1 焊接（切割）前，应先进行动火审查，确认焊接（切割）现场防火措施符合要求，并应配备相应的消防器材和安全防护用品，落实监护人员后，开具动火证。

12.1.2 焊接设备应有完整的防护外壳，一、二次接线柱处应有保护罩。

12.1.3 现场使用的电焊机应设有防雨、防潮、防晒、防砸的措施。

12.1.4 焊割现场及高空焊割作业下方，严禁堆放油类、木材、氧气瓶、乙炔瓶、保温材料等易燃、易爆物品。

12.1.5 电焊机绝缘电阻不得小于 $0.5M\Omega$，电焊机导线绝缘电阻不得小于 $1M\Omega$，电焊机接地电阻不得大于 4Ω。

12.1.6 电焊机导线和接地线不得搭在易燃、易爆、带有热源或有油的物品上；不得利用建（构）筑物的金属结构、管道、轨道或其他金属物体，搭接起来，形成焊接回路，并不得将电焊机和工件双重接地；严禁使用氧气、天然气等易燃易爆气体管道作为接地装置。

12.1.7 电焊机的一次侧电源线长度不应大于 5m，二次线应采用防水橡皮护套铜芯软电缆，电缆长度不应大于 30m，接头不得超过 3 个，并应双线到位。当需要加长导线时，应相应增加导线的截面积。当导线通过道路时，应架高，或穿入防护管内埋设在地下；当通过轨道时，应从轨道下面通过。当导线绝缘受损或断股时，应立即更换。

12.1.8 电焊钳应有良好的绝缘和隔热能力。电焊钳握柄应绝缘良好，握柄与导线连接应牢靠，连接处应采用绝缘布包好。操作人员不得用胳膊夹持电焊钳，并不得在水中冷却电焊钳。

12.1.9 对承压状态的压力容器和装有剧毒、易燃、易爆物品的容器，严禁进行焊接或切割作业。

12.1.10 当需焊割受压容器、密闭容器、粘有可燃气体和溶液的工件时，应先消除容器及管道内压力，清除可燃气体和溶液，并冲洗有毒、有害、易燃物质；对存有残余油脂的容器，宜用蒸汽、碱水冲洗，打开盖口，并确认容器清洗干净后，应灌满清水后进行焊割。

12.1.11 在容器内和管道内焊割时，应采取防止触电、中毒和窒息的措施。焊、割密闭容器时，应留出气孔，必要时应在进、出气口处装设通风设备；容器内照明电压不得超过 12V；容器外应有专人监护。

12.1.12 焊割铜、铝、锌、锡等有色金属时，应通风良好，焊割人员应戴防毒面罩或采取其他防毒措施。

12.1.13 当预热焊件温度达 150℃～700℃时，应设挡板隔离焊件发出的辐射热，焊接人员应穿戴隔热的石棉服装和鞋、帽等。

12.1.14 雨雪天不得在露天电焊。在潮湿地带作业时，应铺设绝缘物品，操作人员应穿绝缘鞋。

12.1.15 电焊机应按额定焊接电流和暂载率操作，并应控制电焊机的温升。

12.1.16 当清除焊渣时，应戴防护眼镜，头部应避开焊渣飞溅方向。

12.1.17 交流电焊机应安装防二次侧触电保护装置。

12.2 交（直）流焊机

12.2.1 使用前，应检查并确认初、次级线接线正确，输入电压符合电焊机的铭牌规定，接线螺母、螺栓及其他部件完好齐全，不得松动或损坏。直流焊机换向器与电刷接触应良好。

12.2.2 当多台焊机在同一场地作业时，相互间距不应小于600mm，应逐台启动，并应使三相负载保持平衡。多台焊机的接地装置不得串联。

12.2.3 移动电焊机或停电时，应切断电源，不得用拖拉电缆的方法移动焊机。

12.2.4 调节焊接电流和极性开关应在卸除负荷后进行。

12.2.5 硅整流直流电焊机主变压器的次级线圈和控制变压器的次级线圈不得用摇表测试。

12.2.6 长期停用的焊机启用时，应空载通电一定时间，进行干燥处理。

12.3 氩 弧 焊 机

12.3.1 作业前，应检查并确认接地装置安全可靠，气管、水管应通畅，不得有外漏。工作场所应有良好的通风措施。

12.3.2 应先根据焊件的材质、尺寸、形状，确定极性，再选择焊机的电压、电流和氩气的流量。

12.3.3 安装氩气表、氩气减压阀、管接头等配件时，不得粘有油脂，并应拧紧丝扣（至少5扣）。开气时，严禁身体对准氩气表和气瓶节门，应防止氩气表和气瓶节门打开伤人。

12.3.4 水冷型焊机应保持冷却水清洁。在焊接过程中，冷却水的流量应正常，不得断水施焊。

12.3.5 焊机的高频防护装置应良好；振荡器电源线路中的连锁开关不得分接。

12.3.6 使用氩弧焊时，操作人员应戴防毒面罩。应根据焊接厚度确定钨极粗细，更换钨极时，必须切断电源。磨削钨极端头时，应设有通风装置，操作人员应佩戴手套和口罩，磨削下来的粉尘，应及时清除。钍、铈、钨极不得随身携带，应贮存在铅盒内。

12.3.7 焊机附近不宜有振动。焊机上及周围不得放置易燃、易爆或导电物品。

12.3.8 氮气瓶和氩气瓶与焊接地点应相距3m以上，并应直立固定放置。

12.3.9 作业后，应切断电源，关闭水源和气源。焊接人员应及时脱去工作服，清洗外露的皮肤。

12.4 点 焊 机

12.4.1 作业前，应清除上下两电极的油污。

12.4.2 作业前，应先接通控制线路的转向开关和焊接电流的开关，调整好极数，再接通水源、气源，最后接通电源。

12.4.3 焊机通电后，应检查并确认电气设备、操作机构、冷却系统、气路系统工作正常，不得有漏电现象。

12.4.4 作业时，气路、水冷系统应畅通。气体应保持干燥。排水温度不得超过 40℃，排水量可根据水温调节。

12.4.5 严禁在引燃电路中加大熔断器。当负载过小，引燃管内电弧不能发生时，不得闭合控制箱的引燃电路。

12.4.6 正常工作的控制箱的预热时间不得少于 5min。当控制箱长期停用时，每月应通电加热 30min。更换闸流管前，应预热 30min。

12.5 二氧化碳气体保护焊机

12.5.1 作业前，二氧化碳气体应按规定进行预热。开气时，操作人员必须站在瓶嘴的侧面。

12.5.2 作业前，应检查并确认焊丝的进给机构、电线的连接部分、二氧化碳气体的供应系统及冷却水循环系统符合要求，焊枪冷却水系统不得漏水。

12.5.3 二氧化碳气瓶宜存放在阴凉处，不得靠近热源，并应放置牢靠。

12.5.4 二氧化碳气体预热器端的电压，不得大于 36V。

12.6 埋 弧 焊 机

12.6.1 作业前，应检查并确认各导线连接应良好；控制箱的外壳和接线板上的罩壳应完好；送丝滚轮的沟槽及齿纹应完好；滚轮、导电嘴（块）不得有过度磨损，接触应良好；减速箱润滑油应正常。

12.6.2 软管式送丝机构的软管槽孔应保持清洁，并定期吹洗。

12.6.3 在焊接中，应保持焊剂连续覆盖，以免焊剂中断露出电弧。

12.6.4 在焊机工作时，手不得触及送丝机构的滚轮。

12.6.5 作业时，应及时排走焊接中产生的有害气体，在通风不良的室内或容器内作业时，应安装通风设备。

12.7 对 焊 机

12.7.1 对焊机应安置在室内或防雨的工棚内，并应有可靠的接地或接零。当多台对焊机并列安装时，相互间距不得小于 3m，并应分别接在不同相位的电网上，分别设置各自的断路器。

12.7.2 焊接前，应检查并确认对焊机的压力机构应灵活，夹具应牢固，气压、液压系统不得有泄漏。

12.7.3 焊接前，应根据所焊接钢筋的截面，调整二次电压，不得焊接超过对焊机规定直径的钢筋。

12.7.4 断路器的接触点、电极应定期光磨，二次电路连接螺栓应定期紧固。冷却水温度不得超过 40℃；排水量应根据温度调节。

12.7.5 焊接较长钢筋时，应设置托架。

12.7.6 闪光区应设挡板，与焊接无关的人员不得入内。

12.7.7 冬期施焊时，温度不应低于 8℃。作业后，应放尽机内冷却水。

12.8 竖向钢筋电渣压力焊机

12.8.1 应根据施焊钢筋直径选择具有足够输出电流的电焊机。电源电缆和控制电缆连接应正确、牢固。焊机及控制箱的外壳应接地或接零。

12.8.2 作业前，应检查供电电压并确认正常，当一次电压降大于 8%时，不宜焊接。焊接导线长度不得大于 30m。

12.8.3 作业前，应检查并确认控制电路正常，定时应准确，误差不得大于 5%，机具的传动系统、夹装系统及焊钳的转动部分应灵活自如，焊剂应已干燥，所需附件应齐全。

12.8.4 作业前，应按所焊钢筋的直径，根据参数表，标定好所需的电流和时间。

12.8.5 起弧前，上下钢筋应对齐，钢筋端头应接触良好。对锈蚀或粘有水泥等杂物的钢筋，应在焊接前用钢丝刷清除，并保证导电良好。

12.8.6 每个接头焊完后，应停留 5min～6min 保温，寒冷季节应适当延长保温时间。焊渣应在完全冷却后清除。

12.9 气焊（割）设备

12.9.1 气瓶每三年应检验一次，使用期不应超过 20 年。气瓶压力表应灵敏正常。

12.9.2 操作者不得正对气瓶阀门出气口，不得用明火检验是否漏气。

12.9.3 现场使用的不同种类气瓶应装有不同的减压器，未安装减压器的氧气瓶不得使用。

12.9.4 氧气瓶、压力表及其焊割机具上不得粘染油脂。氧气瓶安装减压器时，应先检查阀门接头，并略开氧气瓶阀门吹除污垢，然后安装减压器。

12.9.5 开启氧气瓶阀门时，应采用专用工具，动作应缓慢。氧气瓶中的氧气不得全部用尽，应留 49kPa 以上的剩余压力。关闭氧气瓶阀门时，应先松开减压器的活门螺栓。

12.9.6 乙炔钢瓶使用时，应设有防止回火的安全装置；同时使用两种气体作业时，不同气瓶都应安装单向阀，防止气体相互倒灌。

12.9.7 作业时，乙炔瓶与氧气瓶之间的距离不得少于 5m，气瓶与明火之间的距离不得少于 10m。

12.9.8 乙炔软管、氧气软管不得错装。乙炔气胶管、防止回火装置及气瓶冻结时，应用40℃以下热水加热解冻，不得用火烤。

12.9.9 点火时，焊枪口不得对人。正在燃烧的焊枪不得放在工件或地面上。焊枪带有乙炔和氧气时，不得放在金属容器内，以防止气体逸出，发生爆燃事故。

12.9.10 点燃焊（割）炬时，应先开乙炔阀点火，再开氧气阀调整火。关闭时，应先关闭乙炔阀，再关闭氧气阀。

　氢氧并用时，应先开乙炔气，再开氢气，最后开氧气，再点燃。灭火时，应先关氧气，再关氢气，最后关乙炔气。

12.9.11 操作时，氢气瓶、乙炔瓶应直立放置，且应安放稳固。

12.9.12 作业中，发现氧气瓶阀门失灵或损坏不能关闭时，应让瓶内的氧气自动放尽后，再进行拆卸修理。

12.9.13 作业中，当氧气软管着火时，不得折弯软管断气，应迅速关闭氧气阀门，停止供氧。当乙炔软管着火时，应先关熄炬火，可弯折前面一段软管将火熄灭。

12.9.14 工作完毕，应将氧气瓶、乙炔瓶气阀关好，拧上安全罩，检查操作场地，确认无着火危险，方准离开。

12.9.15 氧气瓶应与其他气瓶、油脂等易燃、易爆物品分开存放，且不得同车运输。氧气瓶不得散装吊运。运输时，氧气瓶应装有防振圈和安全帽。

12.10 等离子切割机

12.10.1 作业前，应检查并确认不得有漏电、漏气、漏水现象，接地或接零应安全可靠。应将工作台与地面绝缘，或在电气控制系统安装空载断路继电器。

12.10.2 小车、工件位置应适当，工件应接通切割电路正极，切割工作面下应设有熔渣坑。

12.10.3 应根据工件材质、种类和厚度选定喷嘴孔径，调整切割电源、气体流量和电极的内缩量。

12.10.4 自动切割小车应经空车运转，并应选定合适的切割速度。

12.10.5 操作人员应戴好防护面罩、电焊手套、帽子、滤膜防尘口罩和隔声耳罩。

12.10.6 切割时，操作人员应站在上风处操作。可从工作台下部抽风，并宜缩小操作台上的敞开面积。

12.10.7 切割时，当空载电压过高时，应检查电器接地或接零、割炬把手绝缘情况。

12.10.8 高频发生器应设有屏蔽护罩，用高频引弧后，应立即切断高频电路。

12.10.9 作业后，应切断电源，关闭气源和水源。

12.11 仿形切割机

12.11.1 应按出厂使用说明书要求接通切割机的电源，并应做好保护接地或接零。

12.11.2 作业前，应先空运转，检查并确认氧、乙炔和加装的仿形样板配合无误后，开始切割作业。

12.11.3 作业后，应清理保养设备，整理并保管好氧气带、乙炔气带及电缆线。

13 其他中小型机械

13.1 一般规定

13.1.1 中小型机械应安装稳固，用电应符合现行行业标准《施工现场临时用电安全技术规范》JGJ 46 的有关规定。

13.1.2 中小型机械上的外露传动部分和旋转部分应设有防护罩。室外使用的机械应搭设机械防护棚或采取其他防护措施。

13.2 咬 口 机

13.2.1 不得用手触碰转动中的辊轮，工件送到末端时，手指应离开工件。

13.2.2 工件长度、宽度不得超过机械允许加工的范围。

13.2.3 作业中如有异物进入辊中，应及时停车处理。

13.3 剪 板 机

13.3.1 启动前，应检查并确认各部润滑、紧固应完好，切刀不得有缺口。

13.3.2 剪切钢板的厚度不得超过剪板机规定的能力。切窄板材时，应在被剪板材上压一块较宽钢板，使垂直压紧装置下落时，能压牢被剪板材。

13.3.3 应根据剪切板材厚度，调整上下切刀间隙。正常切刀间隙不得大于板材厚度的 5%，斜口剪时，不得大于 7%。间隙调整后，应进行手转动及空车运转试验。

13.3.4 剪板机限位装置应齐全有效。制动装置应根据磨损情况，及时调整。

13.3.5 多人作业时，应有专人指挥。

13.3.6 应在上切刀停止运动后送料。送料时，应放正、放平、放稳，手指不得接近切刀和压板，并不得将手伸进垂直压紧装置的内侧。

13.4 折 板 机

13.4.1 作业前，应先校对模具，按被折板厚的 1.5 倍～2 倍预留间隙，并进行试折，在检查并确认机械和模具装备正常后，再调整到折板规定的间隙，开始正式作业。

13.4.2 作业中，应经常检查上模具的紧固件和液压或气压系统，当发现有松动或泄漏等情况，应立即停机，并妥善处理后，继续作业。

13.4.3 批量生产时，应使用后标尺挡板进行对准和调整尺寸，并应空载运转，检查并确认其摆动应灵活可靠。

13.5 卷 板 机

13.5.1 作业中，操作人员应站在工件的两侧，并应防止人手和衣服被卷入轧辊内。工件上不得站人。

13.5.2 用样板检查圆度时，应在停机后进行。滚卷工件到末端时，应留一定的余量。

13.5.3 滚卷较厚、直径较大的筒体或材料强度较大的工件时，应少量下降动轧辊，并应经多次滚卷成型。

13.5.4 滚卷较窄的筒体时，应放在轧辊中间滚卷。

13.6 坡 口 机

13.6.1 刀排、刀具应稳定牢固。

13.6.2 当工件过长时，应加装辅助托架。

13.6.3 作业中，不得俯身近视工件。不得用手摸坡口及擦拭铁屑。

13.7 法兰卷圆机

13.7.1 加工型钢规格不应超过机具的允许范围。

13.7.2 当轧制的法兰不能进入第二道型辊时，不得用手直接推送，应使用专用工具送入。

13.7.3 当加工法兰直径超过 1000mm 时，应采取加装托架等安全措施。

13.7.4 作业时，人员不得靠近法兰尾端。

13.8 套丝切管机

13.8.1 应按加工管径选用板牙头和板牙，板牙应按顺序放入，板牙应充分润滑。

13.8.2 当工件伸出卡盘端面的长度较长时，后部应加装辅助托架，并调整好高度。

13.8.3 切断作业时，不得在旋转手柄上加长力臂。切平管端时，不得进刀过快。

13.8.4 当加工件的管径或椭圆度较大时，应两次进刀。

13.9 弯 管 机

13.9.1 弯管机作业场所应设置围栏。

13.9.2 应按加工管径选用管模，并应按顺序将管模放好。

13.9.3 不得在管子和管模之间加油。

13.9.4 作业时，应夹紧机件，导板支承机构应按弯管的方向及时进行换向。

13.10 小 型 台 钻

13.10.1 多台钻床布置时，应保持合适安全距离。

13.10.2 操作人员应按规定穿戴防护用品，并应扎紧袖口。不得围围巾及戴手套。

13.10.3 启动前应检查下列各项，并应符合相应要求：

    1 各部螺栓应紧固；

    2 行程限位、信号等安全装置应齐全有效；

    3 润滑系统应保持清洁，油量应充足；

4 电气开关、接地或接零应良好；

5 传动及电气部分的防护装置应完好牢固；

6 夹具、刀具不得有裂纹、破损。

13.10.4 钻小件时，应用工具夹持；钻薄板时，应用虎钳夹紧，并应在工件下垫好木板。

13.10.5 手动进钻退钻时，应逐渐增压或减压，不得用管子套在手柄上加压进钻。

13.10.6 排屑困难时，进钻、退钻应反复交替进行。

13.10.7 不得用手触摸旋转的刀具或将头部靠近机床旋转部分，不得在旋转着的刀具下翻转、卡压或测量工件。

13.11 喷 浆 机

13.11.1 开机时，应先打开料桶开关，让石灰浆流入泵体内部后，再开动电动机带泵旋转。

13.11.2 作业后，应往料斗注入清水，开泵清洗直到水清为止，再倒出泵内积水，清洗疏通喷头座及滤网，并将喷枪擦洗干净。

13.11.3 长期存放前，应清除前、后轴承座内的灰浆积料，堵塞进浆口，从出浆口注入机油约 50mL，再堵塞出浆口，开机运转约 30s，使泵体内润滑防锈。

13.12 柱塞式、隔膜式灰浆泵

13.12.1 输送管路应连接紧密，不得渗漏；垂直管道应固定牢固；管道上不得加压或悬挂重物。

13.12.2 作业前应检查并确认球阀完好，泵内无干硬灰浆等物，安全阀已调整到预定的安全压力。

13.12.3 泵送前，应先用水进行泵送试验，检查并确认各部位无渗漏。

13.12.4 被输送的灰浆应搅拌均匀，不得混入石子或其他杂物，灰浆稠度应为 80mm～120mm。

13.12.5 泵送时，应先开机后加料，并应先用泵压送适量石灰膏润滑输送管道，然后再加入稀灰浆，最后调整到所需稠度。

13.12.6 泵送过程中，当泵送压力超过预定的 1.5MPa 时，应反向泵送；当反向泵送无效时，应停机卸压检查，不得强行泵送。

13.12.7 当短时间内不需泵送时，可打开回浆阀使灰浆在泵体内循环运行。当停泵时间较长时，应每隔 3min～5min 泵送一次，泵送时间宜为 0.5min。

13.12.8 当因故障停机时，应先打开泄浆阀使压力下降，然后排除故障。灰浆泵压力未达到零时，不得拆卸空气室、安全阀和管道。

13.12.9 作业后，应先采用石灰膏或浓石灰水把输送管道里的灰浆全部泵出，再用清水将泵和输送管道清洗干净。

13.13 挤压式灰浆泵

13.13.1 使用前，应先接好输送管道，往料斗加注清水，启动灰浆泵，当输送胶管出水时，应折起胶管，在升到额定压力时，停泵、观察各部位，不得有渗漏现象。

13.13.2 作业前，应先用清水，再用白灰膏润滑输送管道后，再泵送灰浆。

13.13.3 泵送过程中，当压力迅速上升，有堵管现象时，应反转泵送 2 转～3 转，使灰浆返回料斗，经搅拌后再泵送，当多次正反泵仍不能畅通时，应停机检查，排除堵塞。

13.13.4 工作间歇时，应先停止送灰，后停止送气，并应防止气嘴被灰浆堵塞。

13.13.5 作业后，应将泵机和管路系统全部清洗干净。

13.14 水 磨 石 机

13.14.1 水磨石机宜在混凝土达到设计强度 70%～80% 时进行磨削作业。

13.14.2 作业前，应检查并确认各连接件应紧固，磨石不得有裂纹、破损，冷却水管不得有渗漏现象。

13.14.3 电缆线不得破损，保护接零或接地应良好。

13.14.4 在接通电源、水源后，应先压扶把使磨盘离开地面，再启动电动机，然后应检查并确认磨盘旋转方向与箭头所示方向一致，在运转正常后，再缓慢放下磨盘，进行作业。

13.14.5 作业中，使用的冷却水不得间断，用水量宜调至工作面不发干。

13.14.6 作业中，当发现磨盘跳动或异响，应立即停机检修。停机时，应先提升磨盘后关机。

13.14.7 作业后，应切断电源，清洗各部位的泥浆，并应将水磨石机放置在干燥处。

13.15 混凝土切割机

13.15.1 使用前，应检查并确认电动机接线正确，接零或接地应良好，安全防护装置应有效，锯片选用应符合要求，并安装正确。

13.15.2 启动后，应先空载运转，检查并确认锯片运转方向应正确，升降机构应灵活，一切正常后，开始作业。

13.15.3 切割厚度应符合机械出厂铭牌的规定。切割时应匀速切割。

13.15.4 切割小块料时，应使用专用工具送料，不得直接用手推料。

13.15.5 作业中，当发生跳动及异响时，应立即停机检查，排除故障后，继续作业。

13.15.6 锯台上和构件锯缝中的碎屑应采用专用工具及时清除。

13.15.7 作业后，应清洗机身，擦干锯片，排放水箱余水，并存放在干燥处。

13.16 通 风 机

13.16.1 通风机应有防雨防潮措施。

13.16.2 通风机和管道安装应牢固。风管接头应严密，口径不同的风管不得混合连接。风管转角处应做成大圆角。风管安装不应妨碍人员行走及车辆通行，风管出风口距工作面宜为 6m～10m。爆破工作面附近的管道应采取保护措施。

13.16.3 通风机及通风管应装有风压水柱表，并应随时检查通风情况。

13.16.4 启动前应检查并确认主机和管件的连接应符合要求、风扇转动应平稳、电流过载保护装置应齐全有效。

13.16.5 通风机应运行平稳，不得有异响。对无逆止装置的通风机，应在风道回风消失后进行检修。

13.16.6 当电动机温升超过铭牌规定等异常情况时，应停机降温。

13.16.7 不得在通风机和通风管上放置或悬挂任何物件。

13.17 离心水泵

13.17.1 水泵安装应牢固、平稳，电气设备应有防雨防潮设施。高压软管接头连接应牢固可靠，并宜平直放置。数台水泵并列安装时，每台之间应有 0.8m～1.0m 的距离；串联安装时，应有相同的流量。

13.17.2 冬期运转时，应做好管路、泵房的防冻、保温工作。

13.17.3 启动前应进行检查，并应符合下列规定：

    1 电动机与水泵的连接应同心，联轴节的螺栓应紧固，联轴节的转动部分应有防护装置；

    2 管路支架应稳固。管路应密封可靠，不得有堵塞或漏水现象；

    3 排气阀应畅通。

13.17.4 启动时，应加足引水，并应将出水阀关闭；当水泵达到额定转速时，旋开真空表和压力表的阀门，在指针位置正常后，逐步打开出水阀。

13.17.5 运转中发现下列现象之一时，应立即停机检修：

1 漏水、漏气及填料部分发热；

2 底阀滤网堵塞，运转声音异常；

3 电动机温升过高，电流突然增大；

4 机械零件松动。

13.17.6 水泵运转时，人员不得从机上跨越。

13.17.7 水泵停止作业时，应先关闭压力表，再关闭出水阀，然后切断电源。冬期停用时，应放净水泵和水管中积水。

13.18 潜 水 泵

13.18.1 潜水泵应直立于水中，水深不得小于 0.5m，不宜在含大量泥砂的水中使用。

13.18.2 潜水泵放入水中或提出水面时，不得拉拽电缆或出水管，并应切断电源。

13.18.3 潜水泵应装设保护接零和漏电保护装置，工作时，泵周围 30m 以内水面，不得有人、畜进入。

13.18.4 启动前应进行检查，并应符合下列规定：

1 水管绑扎应牢固；

2 放气、放水、注油等螺塞应旋紧；

3 叶轮和进水节不得有杂物；

4 电气绝缘应良好。

13.18.5 接通电源后，应先试运转，检查并确认旋转方向应正确，无水运转时间不得超过使用说明书规定。

13.18.6 应经常观察水位变化，叶轮中心至水平面距离应在 0.5m～3.0m 之间，泵体不得陷入污泥或露出水面。电缆不得与井壁、池壁摩擦。

13.18.7 潜水泵的启动电压应符合使用说明书的规定，电动机电流超过铭牌规定的限值时，应停机检查，并不得频繁开关机。

13.18.8 潜水泵不用时，不得长期浸没于水中，应放置在干燥通风处。

13.18.9 电动机定子绕组的绝缘电阻不得低于 0.5MΩ。

13.19 深 井 泵

13.19.1 深井泵应使用在含砂量低于 0.01％的水中，泵房内设预润水箱。

13.19.2 深井泵的叶轮在运转中，不得与壳体摩擦。

13.19.3 深井泵在运转前，应将清水注入壳体内进行预润。

13.19.4 深井泵启动前，应检查并确认：
  1 底座基础螺栓应紧固；
  2 轴向间隙应符合要求，调节螺栓的保险螺母应装好；
  3 填料压盖应旋紧，并应经过润滑；
  4 电动机轴承应进行润滑；
  5 用手旋转电动机转子和止退机构，应灵活有效。

13.19.5 深井泵不得在无水情况下空转。水泵的一、二级叶轮应浸入水位 1m 以下。运转中应经常观察井中水位的变化情况。

13.19.6 当水泵振动较大时，应检查水泵的轴承或电动机填料处磨损情况，并应及时更换零件。

13.19.7 停泵时，应先关闭出水阀，再切断电源，锁好开关箱。

13.20 泥 浆 泵

13.20.1 泥浆泵应安装在稳固的基础架或地基上，不得松动。

13.20.2 启动前应进行检查，并应符合下列规定：
  1 各部位连接应牢固；
  2 电动机旋转方向应正确；
  3 离合器应灵活可靠；
  4 管路连接应牢固，并应密封可靠，底阀应灵活有效。

13.20.3 启动前，吸水管、底阀及泵体内应注满引水，压力表缓冲器上端应注满油。

13.20.4 启动时，应先将活塞往复运动两次，并不得有阻梗，然后空载启动。

13.20.5 运转中，应经常测试泥浆含砂量。泥浆含砂量不得超过 10%。

13.20.6 有多档速度的泥浆泵，在每班运转中，应将几档速度分别运转，运转时间不得少于 30min。

13.20.7 泥浆泵换档变速应在停泵后进行。

13.20.8 运转中，当出现异响、电机明显温升或水量、压力不正常时，应停泵检查。

13.20.9 泥浆泵应在空载时停泵。停泵时间较长时，应全部打开放水孔，并松开缸盖，提起底阀放水杆，放尽泵体及管道中的全部泥浆。

13.20.10 当长期停用时，应清洗各部泥砂、油垢，放尽曲轴箱内的润滑油，并应采取防锈、防腐措施。

13.21 真 空 泵

13.21.1 真空室内过滤网应完整，集水室通向真空泵的回水管上的旋塞开启应灵活，指示仪表应正常，进出水管应按出厂说明书要求连接。

13.21.2 真空泵启动后，应检查并确认电机旋转方向与罩壳上箭头指向一致，然后应堵住进水口，检查泵机空载真空度，表值显示不应小于 96kPa。当不符合上述要求时，应检查泵组、管道及工作装置的密封情况，有损坏时，应及时修理或更换。

13.21.3 作业时，应经常观察机组真空表，并应随时做好记录。

13.21.4 作业后，应冲洗水箱及滤网的泥砂，并应放尽水箱内存水。

13.21.5 冬期施工或存放不用时，应把真空泵内的冷却水放尽。

13.22 手持电动工具

13.22.1 使用手持电动工具时，应穿戴劳动防护用品。施工区域光线应充足。

13.22.2 刀具应保持锋利，并应完好无损；砂轮不得受潮、变形、破裂或接触过油、碱类，受潮的砂轮片不得自行烘干，应使用专用机具烘干。手持电动工具的砂轮和刀具的安装应稳固、配套，安装砂轮的螺母不得过紧。

13.22.3 在一般作业场所应使用Ⅰ类电动工具；在潮湿或金属构架等导电性能良好的作业场所应使用Ⅱ类电动工具；在锅炉、金属容器、管道内等作业场所应使用Ⅲ电动工具；Ⅱ、Ⅲ类电动工具开关箱、电源转换器应在作业场所外面；在狭窄作业场所操作时，应有专人监护。

13.22.4 使用Ⅰ类电动工具时，应安装额定漏电动作电流不大于15mA、额定漏电动作时间不大于0.1s的防溅型漏电保护器。

13.22.5 在雨期施工前或电动工具受潮后，必须采用500V兆欧表检测电动工具绝缘电阻，且每年不少于2次。绝缘电阻不应小于表13.22.5的规定。

表 13.22.5　绝缘电阻

测量部位	绝缘电阻（MΩ）		
	Ⅰ类电动工具	Ⅱ类电动工具	Ⅲ类电动工具
带电零件与外壳之间	2	7	1

13.22.6 非金属壳体的电动机、电器，在存放和使用时不应受压、受潮，并不得接触汽油等溶剂。

13.22.7 手持电动工具的负荷线应采用耐气候型橡胶护套铜芯软电缆，并不得有接头，水平距离不宜大于3m，负荷线插头插座应具备专用的保护触头。

13.22.8 作业前应重点检查下列项目，并应符合相应要求：

　　1 外壳、手柄不得裂缝、破损；

　　2 电缆软线及插头等应完好无损，保护接零连接应牢固可靠，开关动作应正常；

　　3 各部防护罩装置应齐全牢固。

13.22.9 机具启动后，应空载运转，检查并确认机具转动应灵活无阻。

13.22.10 作业时，加力应平稳，不得超载使用。作业中应注意声响及温升，发现异常应立即停机检查。在作业时间过长，机具温升超过 60℃时，应停机冷却。

13.22.11 作业中，不得用手触摸刃具、模具和砂轮，发现其有磨钝、破损情况时，应立即停机修整或更换。

13.22.12 停止作业时，应关闭电动工具，切断电源，并收好工具。

13.22.13 使用电钻、冲击钻或电锤时，应符合下列规定：

　　1　机具启动后，应空载运转，应检查并确认机具联动灵活无阻；

　　2　钻孔时，应先将钻头抵在工作表面，然后开动，用力应适度，不得晃动；转速急剧下降时，应减小用力，防止电机过载；不得用木杠加压钻孔；

　　3　电钻和冲击钻或电锤实行 40％断续工作制，不得长时间连续使用。

13.22.14 使用角向磨光机时，应符合下列要求：

　　1　砂轮应选用增强纤维树脂型，其安全线速度不得小于80m/s。配用的电缆与插头应具有加强绝缘性能，并不得任意更换；

　　2　磨削作业时，应使砂轮与工件面保持 15°～30°的倾斜位置；切削作业时，砂轮不得倾斜，并不得横向摆动。

13.22.15 使用电剪时，应符合下列规定：

　　1　作业前，应先根据钢板厚度调节刀头间隙量，最大剪切厚度不得大于铭牌标定值；

　　2　作业时，不得用力过猛，当遇阻力，轴往复次数急剧下降时，应立即减少推力；

　　3　使用电剪时，不得用手摸刀片和工件边缘。

13.22.16 使用射钉枪时，应符合下列规定：

　　1　不得用手掌推压钉管和将枪口对准人；

　　2　击发时，应将射钉枪垂直压紧在工作面上。当两次扣动扳机，子弹不击发时，应保持原射击位置数秒钟后，再退出射钉弹；

3 在更换零件或断开射钉枪之前，射枪内不得装有射钉弹。

13. 22. 17 使用拉铆枪时，应符合下列规定：

1 被铆接物体上的铆钉孔应与铆钉相配合，过盈量不得太大；

2 铆接时，可重复扣动扳机，直到铆钉被拉断为止，不得强行扭断或撬断；

3 作业中，当接铆头子或并帽有松动时，应立即拧紧。

13. 22. 18 使用云（切）石机时，应符合下列规定：

1 作业时应防止杂物、泥尘混入电动机内，并应随时观察机壳温度，当机壳温度过高及电刷产生火花时，应立即停机检查处理；

2 切割过程中用力应均匀适当，推进刀片时不得用力过猛。当发生刀片卡死时，应立即停机，慢慢退出刀片，重新对正后再切割。

附录 A 建筑机械磨合期的使用

A.0.1 建筑机械操作人员应在生产厂家的培训指导下，了解机器的结构、性能，根据产品使用说明书的要求进行操作、保养。新机和大修后机械在初期使用时，应遵守磨合期规定。

A.0.2 机械设备的磨合期，除原制造厂有规定外，内燃机械宜为 100h，电动机械宜为 50h，汽车宜为 1000km。

A.0.3 磨合期间，应采用符合其内燃机性能的燃料和润滑油料。

A.0.4 启动内燃机时，不得猛加油门，应在 500r/min～600r/min 下稳定运转数分钟，使内燃机内部运动机件得到良好的润滑，随着温度上升而逐渐增加转速。在严寒季节，应先对内燃机进行预热后再启动。

A.0.5 磨合期内，操作应平稳，不得骤然增加转速，并宜按下列规定减载使用：

　　1 起重机从额定起重量 50% 开始，逐步增加载荷，且不得超过额定起重量的 80%；

　　2 挖掘机在工作 30h 内，应先挖掘松的土壤，每次装料应为斗容量的 1/2；在以后 70h 内，装料可逐步增加，且不得超过斗容量的 3/4；

　　3 推土机、铲运机和装载机，应控制刀片铲土和铲斗装料深度，减少推土、铲土量和铲斗装载量，从 50% 开始逐渐增加，不得超过额定载荷的 80%；

　　4 汽车载重量应按规定标准减载 20%～25%，并应避免在不良的道路上行驶和拖带挂车，最高车速不宜超过 40km/h；

　　5 其他内燃机械和电动机械在磨合期内，在无具体规定时，应减速 30% 和减载荷 20%～30%。

A. 0. 6 在磨合期内，应观察各仪表指示，检查润滑油、液压油、冷却液、制动液以及燃油品质和油（水）位，并注意检查整机的密封性，保持机器清洁，应及时调整、紧固松动的零部件；应观察各机构的运转情况，并应检查各轴承、齿轮箱、传动机构、液压装置以及各连接部分的温度，发现运转不正常、过热、异响等现象时，应及时查明原因并排除。

A. 0. 7 在磨合期，应在机械明显处悬挂"磨合期"的标志，在磨合期满后再取下。

A. 0. 8 磨合期间，应按规定更换内燃机曲轴箱机油和机油滤清器芯；同时应检查各齿轮箱润滑油清洁情况，并按规定及时更换润滑油，清洗润滑系统。

A. 0. 9 磨合期满，应由机械管理人员和驾驶员、修理工配合进行一次检查、调整以及紧固工作。内燃机的限速装置应在磨合期满后拆除。

A. 0. 10 磨合期应分工明确，责任到人。在磨合期前，应把磨合期各项要求和注意事项向操作人员交底；磨合期中，应随时检查机械使用运转情况，详细填写机械磨合期记录；磨合期满后，应由机械技术负责人审查签章，将磨合期记录归入技术档案。

附录 B　建筑机械寒冷季节的使用

B.1　准 备 工 作

B.1.1　在进入寒冷季节前，机械使用单位应制定寒冷季节施工安全技术措施，并对机械操作人员进行寒冷季节使用机械设备的安全教育，同时应做好防寒物资的供应工作。

B.1.2　在进入寒冷季节前，对在用机械设备应进行一次换季保养，换用适合寒冷季节的燃油、润滑油、液压油、防冻液、蓄电池液等。对停用机械设备，应放尽存水。

B.2　机械冷却系统防冻措施

B.2.1　当室外温度低于5℃时，水冷却的机械设备停止使用后，操作人员应及时放尽机体存水。放水时，应在水温降低到50℃～60℃时进行，机械应处于平坦位置，拧开水箱盖，并应打开缸体、水泵、水箱等所有放水阀。在存水没有放尽前，操作人员不得离开。存水放净后，各放水阀应保持开启状态，并将"无水"标志牌挂在机械的明显处。为了防止失误，应由专职人员按时进行检查。

B.2.2　使用防冻液的机械设备，在加入防冻液前，应对冷却系统进行清洗，并应根据气温要求，按比例配制防冻冷却液。在使用中应经常检查防冻液，不足时应及时增添。

B.2.3　在气温较低的地区，内燃机、水箱等都应有保温套。工作中如停车时间较长，冷却水有冻结可能时，应放水防冻。

B.3　燃料、润滑油、液压油、蓄电池液的选用

B.3.1　应根据气温按出厂要求选用燃料。汽油机在低温下应选用辛烷值较高标号的汽油。柴油机在最低气温4℃以上地区使用

时，应采用 0 号柴油；在最低气温－5℃以上地区使用时，应采用－10 号柴油；在最低气温－14℃以上地区使用时，应采用－20 号柴油；在最低气温－29℃以上地区使用时，应采用－35 号柴油；在最低气温－30℃以下地区使用时，应采用－50 号柴油。在低温条件下缺乏低凝度柴油时，应采用预热措施。

B.3.2 寒冷季节，应按规定**换用**较低凝固温度的润滑油、机油及齿轮油。

B.3.3 液压油应随气温变化而换用。液压油应使用同一品种、标号。

B.3.4 使用蓄电池的机械，在寒冷季节，蓄电池液密度不得低于 1.25，发电机电流应调整到 15A 以上。严寒地区，蓄电池应加装保温装置。

B.4 存放及启动

B.4.1 寒冷季节，机械设备宜在室内存放。露天存放的大型机械，应停放在避风处，并加盖篷布。

B.4.2 在没有保温设施情况下启动内燃机，应将水加热到 60℃～80℃时，再加入内燃机冷却系统，并可用喷灯加热进气歧管。不得用机械拖顶的方法启动内燃机。

B.4.3 无预热装置的内燃机，在工作完毕后，可将曲轴箱内润滑油趁热放出，存放在清洁容器内；启动时，先将容器内的润滑油加温到 70℃～80℃，再将油加入曲轴箱。不得用明火直接燃烤曲轴箱。

B.4.4 内燃机启动后，应先怠速空转 10min～20min，再逐步增加转速。

附录 C 液压装置的使用

C.1 液压元件的安装

C.1.1 液压元件在安装前应清洗干净，安装应在清洁的环境中进行。

C.1.2 液压泵、液压马达和液压阀的进、出油口不得反接。

C.1.3 连接螺钉应按规定扭力拧紧。

C.1.4 油管应用管夹与机器固定，不得与其他物体摩擦。软管不得有急弯或扭曲。

C.2 液压油的选择和清洁

C.2.1 应使用出厂说明书中所规定的牌号液压油。

C.2.2 应通过规定的滤油器向油箱注入液压油。应经常检查和清洗滤油器，发现损坏，应及时更换。

C.2.3 应定期检查液压油的清洁度，按规定应及时更换，并应认真填写检测及加油记录。

C.2.4 盛装液压油的容器应保持清洁，容器内壁不得涂刷油漆。

C.3 启动前的检查和启动、运转作业

C.3.1 液压油箱内的油面应在标尺规定的上、下限范围内。新机开机后，部分油进入各系统，应及时补充。

C.3.2 冷却器应有充足的冷却液，散热风扇应完好有效。

C.3.3 液压泵的出入口与旋转方向应与标牌标志一致。换新联轴器时，不得敲打泵轴。

C.3.4 各液压元件应安装牢固，油管及密封圈不得有渗漏。

C.3.5 液压泵启动时，所有操纵杆应处于中间位置。

C.3.6 在严寒地区启动液压泵时，可使用加热器提高油温。启动后，应按规定空载运转液压系统。

C.3.7 初次使用及停机时间较长时，液压系统启动后，应空载运行，并应打开空气阀，将系统内空气排除干净，检查并确认各部件工作正常后，再进行作业。

C.3.8 溢流阀的调定压力不得超过规定的最高压力。

C.3.9 运转中，应随时观察仪表读数，检查油温、油压、响声、振动等情况，发现问题，应立即停机检修。

C.3.10 液压油的工作温度宜保持在 30℃～60℃ 范围内，最高油温不应超过 80℃；当油温超规定时，应检查油量、油黏度、冷却器、过滤器等是否正常，在故障排除后，继续使用。

C.3.11 液压系统应密封良好，不得吸入空气。

C.3.12 高压系统发生泄漏时，不得用手去检查，应立即停机检修。

C.3.13 拆检蓄能器、液压油路等高压系统时，应在确保系统内无高压后拆除。泄压时，人员不得面对放气阀或高压系统喷射口。

C.3.14 液压系统在作业中，当出现下列情况之一时，应停机检查：

1 油温超过允许范围；

2 系统压力不足或完全无压力；

3 流量过大、过小或完全不流油；

4 压力或流量脉动；

5 不正常响声或振动；

6 换向阀动作失灵；

7 工作装置功能不良或卡死；

8 液压系统泄漏、内渗、串压、反馈严重。

C.3.15 作业完毕后，工作装置及控制阀等应回复原位，并应按规定进行保养。

本规程用词说明

1 为便于在执行本规程条文时区别对待，对要求严格程度不同的用词说明如下：

    1）表示很严格，非这样做不可的：

        正面词采用"必须"，反面词采用"严禁"；

    2）表示严格，在正常情况均应这样做的：

        正面词采用"应"，反面词采用"不应"或"不得"；

    3）表示允许稍有选择，在条件许可时首先应这样做的：

        正面词采用"宜"，反面词采用"不宜"；

    4）表示有选择，在一定条件下可以这样做的，采用"可"。

2 本规程条文中指明应按其他有关标准执行的写法为："应执行……规定"，或"应符合……的规定"。

引用标准名录

1 《起重机设计规范》GB/T 3811

2 《爆破安全规程》GB 6722

3 《起重机 钢丝绳 保养、维护、安装、检验和报废》GB/T 5972

4 《建筑机械技术试验规程》JGJ 34

5 《施工现场临时用电安全技术规范》JGJ 46

6 《塔式起重机混凝土基础工程技术规程》JGJ/T 187

7 《施工升降机齿轮锥鼓形渐进式防坠安全器》JG 121

中华人民共和国行业标准

建筑机械使用安全技术规程

JGJ 33－2012

条 文 说 明

修 订 说 明

《建筑机械使用安全技术规程》JGJ 33－2012 经住房和城乡建设部 2012 年 5 月 3 日以第 1364 号公告批准、发布。

本规程是在《建筑机械使用安全技术规程》JGJ 33－2001 的基础上修订而成，上一版的主编单位是甘肃省建筑工程总公司，参编单位是湖北省工业建筑工程总公司、四川省建筑工程总公司、江苏省建筑工程总公司、陕西省建筑工程总公司、山西省建筑工程总公司，主要起草人是：钱风、朱学敏、成诗言、陆裕基、金开愚、安世基。本次修订的主要技术内容是：1. 删除了装修机械、水工机械、钣金和管工机械，相关机械并入其他中小型机械；对建筑起重机械、运输机械进行了调整；增加了木工机械、地下施工机械；2. 删除了凿岩机械、油罐车、自立式起重架、混凝土搅拌站、液压滑升设备、预应力钢丝拉伸设备、冷镦机；新增了旋挖钻机、深层搅拌机、成槽机、冲孔桩机、混凝土布料机、钢筋螺纹成型机、钢筋除锈机、顶管机、盾构机。

本规程修订过程中，编制组进行了大量的调查研究，总结了我国建筑机械在使用安全方面的实践经验，同时参考借鉴了有关现行国家标准和行业标准。

为了便于广大建设施工单位、安全生产监督机构等单位的有关人员在使用本规程时能正确理解和执行条文规定，《建筑机械使用安全技术规程》编制组按章、节、条顺序编制了本规程的条文说明，对条文规定的目的、依据以及执行中需要注意的有关事项进行了说明，还着重对强制性条文强制性理由进行了解释。但是，本条文说明不具备与规程正文同等的法律效力，仅供使用者作为理解和把握规程规定的参考。

目　次

1 总　则

1.0.1 本条规定说明制定本规程的目的。

1.0.2 本条规定说明本规程的适用范围。

2 基 本 规 定

2.0.1 本条规定了操作人员所具备的条件和持证上岗的要求，这是保证安全操作的基本条件。

2.0.2 机械的作业能力和使用范围是有一定限度的，超过限度就会造成事故，本条说明需要遵照说明书的规定使用机械。

2.0.3 机械上的安全防护装置，能及时预报机械的安全状态，防止发生事故，保证机械设备的安全生产，因此，需要保持完好有效。

2.0.4 本条规定是促使施工和操作人员相互了解情况，密切配合，以达到安全生产的目的。

2.0.5 机械操作人员穿戴劳动保护用品、高处作业必须系安全带是安全生产保障。

2.0.6 本条规定了机械操作人员在使用设备前的安全检查和试运行工作，防止设备交接不清和设备带病运转带来的机械伤害。

2.0.7 根据事故分析资料，很多事故是由于操作人员思想不集中、麻痹、疏忽等因素及其他违规行为所造成的。本条突出了对操作人员工作纪律的要求。

2.0.8 保持机械完好状态，才能减少故障和防止事故发生，因此，操作人员要按照保养规定，做好保养作业。

2.0.9 交接班制度，是使操作人员在互相交接时不致发生差错，防止由于职责不清引发事故而制定的。

2.0.10 要为机械作业提供必要的安全条件和消除一切障碍，才能保证机械在安全的环境下作业。

2.0.11 本条规定了机械设备的基础承载能力要求，防止设备基础不符合要求，从源头上埋下安全隐患，造成设备倾覆等重大事故。

2.0.12 新机、经过大修或技术改造的机械，需要经过测试，验证性能和适用性；由于新装配的零部件表面配合程度较差，需要经过磨合，以达到装配表面的良好接触。防止在未经磨合前即满负荷使用，引起粘附磨损而造成事故。

2.0.13 寒冷季节的低温给机械的启动、运转、停置保管等带来不少困难，需要采取相应措施，以防止机械因低温运转而产生不正常损耗和冻裂汽缸体等重大事故。

2.0.14～2.0.16 这三条是对机械放置场所，特别是易发生危险的场所需要具备条件的要求，如消防器材、警示牌以及对危害人体及保护环境的具体保护措施所提出的要求。根据《安全标志》规定修改了警告牌的安全术语。

2.0.17 机械停置或封存期间，也会产生有形磨损，这是由于机件生锈、金属腐蚀、橡胶和塑料老化等原因造成的，要减少这类磨损，需要做好保养等预防措施。

2.0.19 本条规定发生机械事故后，处理机械伤害事故的工作程序。

2.0.20 本条规定明确了操作人员在工作中的安全生产权利和义务。

2.0.21 机械或电气装置切断电源，停稳后进行清洁、保养、维修是安全生产工作的保证。

3 动力与电气装置

3.1 一般规定

3.1.2 硬水中含有大量矿物质，在高温作用下会产生水垢，附着于冷却系统的金属表面，堵塞水道，降低散热功能，所以需要作软化处理。

3.1.3 保护接地是在电器外壳与大地之间设置电阻小的金属接地极，当绝缘损坏时，电流经接地极入地，不会对人体造成危害。

保护接零是将接地的中性线（零线）与非带电的结构、外壳和设备相连接，当绝缘损坏时，由于中性线电阻很小，短路电流很大，会使电气线路中的保护开关、保险器和熔断器动作，切断电源，从而避免人身触电事故。

3.1.4 在保护接零系统中，如果个别设备接地未接零，且该设备相线碰壳，则该设备及所有接零设备的外壳都会出现危险电压。尤其是当接地线或接零保护的两个设备距离较近，一个人同时接触这两个设备时，其接触电压可达 220V 的数值，触电危险就更大。因此，在同一供电系统中，不能同时采用接零和接地两种保护方法。

3.1.5 如在保护接零的零线上串接熔断器或断路设备，将使零线失去保护功能。

3.1.9 当电器发生严重超载、短路及失压等故障时，通过自动开关的跳闸，切断故障电器，有效地保护串接在它后面的电气设备，如果在故障未排除前强行合闸，将失去保护作用而烧坏电气设备。

3.1.12 水是导电体，如果电气设备上有积水，将破坏绝缘性能。

3.2 内 燃 机

3.2.1 本条所列内燃机作业前重点检查项目，是保证内燃机正确启动和运转的必要条件。

3.2.3 用手摇柄和拉绳启动汽油机时，容易发生倒爆，造成曲轴反转，如果用手硬压或连续转动摇柄或将拉绳缠在手上时，曲轴反转时将使手、臂和面部和其他人身部位受到伤害。有的司机就是因摇把反弹撞掉了下巴、打断了胳膊。

3.2.4 用小发动机启动柴油机时，如时间过长，说明柴油机存在故障，要排除后再启动，以减少小发动机磨损。汽油机启动时间过长，容易损坏启动机和蓄电池。

3.2.5 内燃机启动后，机械和冷却水的温度都要通过内燃机运转而升温，冷凝的润滑油也要随温度上升逐步到达所有零件的摩擦面。因此内燃机启动后需要怠速运转达到水温和机油压力正常后，才能使用，否则将加剧零件的磨损。

3.2.6 当内燃机温度过高使冷却水沸腾时，开盖时要避免烫伤，如果用冷水注入水箱或泼浇机体，能使高温的水箱和机体因骤冷而产生裂缝。

3.2.7 异响、异味、水温骤升、油压骤降等都是反映内燃机发生故障的现象，需要检查排除后才能继续使用，否则将使故障加剧而造成事故。

3.2.8 停机前要中速空运转，目的是降低机温，以防高温机件因骤冷而受损。

3.2.9 对有减压装置的内燃机，如果采用减压杆熄火，则将使活塞顶部积存未经燃烧的柴油。

3.2.10 这是防止雨水和杂物通过排气管进入机体内的保护措施。

3.3 发 电 机

3.3.6 发电机在运转时，即使未加励磁，亦应认为带有电压。

3.3.12 发电机电压太低，将对负荷（如电动设备）的运行产生不良影响，对发电机本身运行也不利，还会影响并网运行的稳定性；如电压太高，除影响用电设备的安全运行外，还会影响发电机的使用寿命。因此，电压变动范围要在额定值±5％以内，超出规定值时，需要进行调整。

3.3.13 当发电机组在高频率运行时，容易损坏部件，甚至发生事故；当发电机在过低频率运转时，不但对用电设备的安全和效率产生不良影响，而且能使发电机转速降低，定子和转子线圈温度升高。所以规定频率变动范围不超过额定值的±0.5Hz。

3.4 电 动 机

3.4.4 热继电器作电动机过载保护时，其容量是电动机额定电流的100％～125％为好。如小于额定电流时，则电动机未过载时即发生作用；如容量过大时，就失去了保护作用。

3.4.5 电动机的集电环与电刷接触不良时，会发生火花，集电环和电刷磨损加剧，还会增加电能损耗，甚至影响正常运转。因此，需要及时修整或更换电刷。

3.4.6 直流电动机的换向器表面如有损伤，运转时会产生火花，加剧电刷和换向器的损伤，影响正常运转，需要及时修整，保持换向器表面的整洁。

3.4.8 本条规定引自《电气装置安装工程旋转电机施工及验收规范》GB 50170-2006。

3.5 空气压缩机

3.5.2 放置贮气罐处，要尽可能降低温度，以提高贮存压缩空气的质量。作为压力容器，要远离热源，以保证安全。

3.5.3 输气管路不要有急弯，以减少输气阻力。为防止金属管路因热胀冷缩而变形，对较长管路要每隔一定距离设置伸缩变形装置。

3.5.4 贮气罐作为压力容器要执行国家有关压力容器定期试验

的规定。

3.5.7 输气管输送的压缩空气如直接吹向人体，会造成人身伤害事故，需要注意输气管路的连接，防止压缩空气外泄伤人。

3.5.8 贮气罐上的安全阀是限制贮气罐内的压力不超过规定值的安全保护装置，要求灵敏有效。

3.5.12 当缺水造成气缸过热时，如立即注入冷水，高温的气缸体因骤冷收缩，容易产生裂缝而导致损坏。

4 建筑起重机械

4.1 一般规定

4.1.2 本条是按照《建筑起重机械安全监督管理规定》(第 166 号建设部令)中第七条制定的。

4.1.3 本条是按照《建筑起重机械安全监督管理规定》(第 166 号建设部令)中第八条制定的。

4.1.4 《建筑起重机械安全监督管理规定》(第 166 号建设部令)规定:

安装单位应当按照安全技术标准及建筑起重机械性能要求,编制建筑起重机械安装、拆卸工程专项施工方案,并由本单位技术负责人签字;专项施工方案,安装、拆卸人员名单,安装、拆卸时间等材料报施工总承包单位和监理单位审核后,告知工程所在地县级以上地方人民政府建设主管部门。

建筑起重机械安装完毕后,安装单位应当按照安全技术标准及安装使用说明书的有关要求对建筑起重机械进行自检、调试和试运转。自检合格的,应当出具自检合格证明,并向使用单位进行安全使用说明。使用单位应当组织出租、安装、监理等有关单位进行验收,或者委托具有相应资质的检验检测机构进行验收。建筑起重机械经验收合格后方可投入使用,未经验收或者验收不合格的不得使用。

4.1.8 基础承载能力不满足要求,容易引起起重机的倾翻。

4.1.11 本条规定的安全装置是起重机必备的,否则不能使用。利用限位装置或限制器代替抽动停车等动作,将造成失误而发生事故。建筑起重机械安全装置见表 4-1。

表 4-1　建筑起重机械安全装置一览表

安全装置 起重机械	变幅限位器	力矩限制器	起重量限制器	上限位器	下限位器	防坠安全器	钢丝绳防脱装置	防脱钩装置
塔式起重机	●	●	●	●	○	○	●	●
施工升降机	○	○	○	○	●	●	●	○
桅杆式起重机	●	●	●	○	○	○	●	●
桥（门）式起重机	○	○	●	○	○	○	●	●
电动葫芦	○	○	●	●	●	○	○	●
物料提升机	○	○	●	●	●	●	●	○

注：● 表示该起重机械有此安全装置；

　　○ 表示该起重机械无此安全装置。

4.1.12　本条规定了信号司索工的职责，要求操作人员要听从指挥，但对错误指挥要拒绝执行，这对防止失误十分必要。

4.1.14　风力等级和风速对照见表 4-2。

表 4-2　风力等级和风速对照表

风级	1	2	3	4	5	6	7	8	9	10	11	12
相当风速 （m/s）	0.3 ～ 1.5	1.6 ～ 3.3	3.4 ～ 5.4	5.5 ～ 7.9	8.0 ～ 10.7	10.8 ～ 13.8	13.9 ～ 17.1	17.2 ～ 20.7	20.8 ～ 24.4	24.5 ～ 28.4	28.5 ～ 32.6	32.6 以上

本规程风速指施工现场风速，包括地面和高耸设备高处风速。

恶劣天气能使露天作业的起重机部件受损、受潮，所以需要经过试吊无误后再使用。

4.1.18　起重机的额定起重量是以吊钩与重物在垂直情况下核定的。斜吊、斜拉其作用力在起重机的一侧，破坏了起重机的稳定性，会造成超载及钢丝绳出槽，还会使起重臂因侧向力而扭弯，甚至造成倾翻事故。对于地下埋设或凝固在地面上的重物，除本身重量外，还有不可估计的附着力（埋设深度和凝固强度决定附着力的大小），将造成严重超载而酿成事故。

4.1.19 吊索水平夹角越小，吊索受拉力就越大，同时，吊索对物体的水平压力也越大。因此，吊索水平夹角不得小于 30°，因为 30°时吊索所受拉力已增加一倍。

4.1.20 重物下降时突然制动，其冲击载荷将使起升机构损伤，严重时会破坏起重机稳定性而倾翻。如回转未停稳即反转，所吊重物因惯性而大幅度摆动，也会使起重臂扭弯或起重机倾翻。

4.1.22 使用起升制动器，可使起吊重物停留在空中，如遇操作人员疏忽或制动器失灵时，将使重物失控而快速下降，造成事故。因此，当吊装因故中断时，悬空重物需要设法降下。

4.1.28 转动的卷筒缠绕钢丝绳时，如用手拉或脚踩钢丝绳，容易将手或脚带入卷筒内造成伤亡事故。

4.1.29 建设部 2007 年第 659 号公告《建设部关于发布建设事业"十一五"推广应用和限用禁止使用技术（第一批）的公告》的规定，超过一定使用年限的塔式起重机：630kN·m（不含 630kN·m）、出厂年限超过 10 年（不含 10 年）的塔式起重机；630kN·m～1250kN·m（不含 1250kN·m）、出厂年限超过 15 年（不含 15 年）的塔式起重机；1250kN·m 以上、出厂年限超过 20 年（不含 20 年）的塔式起重机。由于使用年限过久，存在设备结构疲劳、锈蚀、变形等安全隐患。超过年限的由有资质评估机构评估合格后，可继续使用。超过一定使用年限的施工升降机：出厂年限超过 8 年（不含 8 年）的 SC 型施工升降机，传动系统磨损严重，钢结构疲劳、变形、腐蚀等较严重，存在安全隐患；出厂年限超过 5 年（不含 5 年）的 SS 型施工升降机，使用时间过长造成结构件疲劳、变形、腐蚀等较严重，运动件磨损严重，存在安全隐患。超过年限的由有资质评估机构评估合格后，可继续使用。

4.2 履带式起重机

4.2.1 履带式起重机自重大，对地面承载相对高，作业时重心变化大，对停放地面要有较高要求，以保证安全。

4.2.5 俯仰变幅的起重臂，其最大仰角要有一定限度，以防止起重臂后倾造成重大事故。

4.2.6 起重机的变幅机构一般采用蜗杆减速器和自动常闭带式制动器，这种制动器仅能起辅助作用，如果操作中在起重臂未停稳前即换挡，由于起重臂下降的惯性超过了辅助制动器的摩擦力，将造成起重臂失控摔坏的事故。

4.2.7 起吊载荷接近满负荷时，其安全系数相应降低，操作中稍有疏忽，就会发生超载，需要慢速操作，以保证安全。

4.2.8 起重吊装作业不能有丝毫差错，要求在起吊重物时先稍离地面试吊无误后再起吊，以便及时发现和消除不安全因素，保证吊装作业的安全可靠。起吊过程中，操作人员要脚踩在制动踏板上是为了在发生险情时，可及时控制。

4.2.9 双机抬吊是特殊的起重吊装作业，要慎重对待，关键是要做到载荷的合理分配和双机动作的同步。因此，需要统一指挥。降低起重量和保持吊钩滑轮组的垂直状态，这些要求都是防止超载。

4.2.10 起重机如在不平的地面上急转弯，容易造成倾翻事故。

4.2.11 起重机带载行走时，由于机身晃动，起重臂随之俯仰，幅度也不断变化，所吊重物因惯性而摆动，形成"斜吊"，因此，需要降低额定起重量，以防止超载。行走时重物要在起重机正前方，便于操作人员观察和控制。履带式行走机构不要作长距离行走，带载行走更不安全。

4.2.12 起重机上下坡时，起重机的重心和起重臂的幅度随坡度而变化，因此，不能再带载行驶。下坡空挡滑行，将会失去控制而造成事故。

4.2.13 作业后，起重臂要转到顺风方向，这是为了减少迎风面，降低起重机受到的风压。

4.2.14 当起重机转移时，需要按照本规定采取的各项保证安全的措施执行。

4.3 汽车、轮胎式起重机

4.3.4 轮胎式起重机完全依靠支腿来保持它的稳定性和机身的水平状态。因此，作业前需要按本条要求将支腿垫实和调整好。

4.3.5 如果在载荷情况下扳动支腿操纵阀，将使支腿失去作用而造成起重机倾翻事故。

4.3.6 起重臂的工作幅度是由起重臂长度和仰角决定的，不同幅度有不同的额定起重量，作业时要根据重物的重量和提升高度选择适当的幅度。

4.3.7 起重臂分顺序伸缩、同步伸缩两种。

起重机由双作用液压缸通过控制阀、选择阀和分配阀等液压控制装置使起重臂按规定程序伸出或缩回，以保证起重臂的结构强度符合额定起重量的需求。如果伸臂中出现前、后节长度不等时或其他原因制动器发生停顿时，说明液压系统存在故障，需要排除后才能使用。

4.3.8 各种长度的起重臂都有规定的仰角，如果仰角小于规定，对于桁架式起重臂将造成水平压力增大和变幅钢丝绳拉力增大；对于箱形伸缩式起重臂，由于其自重大，基本上属于悬臂结构，将增加起重臂的挠度，影响起重臂的安全性能。

4.3.9 汽车式起重机作业时，其液压系统通过取力器以获得内燃机的动力。其操纵杆一般设在汽车驾驶室内，因此，作业时汽车驾驶室要锁闭，以防误动操纵杆。

4.3.11 发现起重机不稳或倾斜等现象时，迅速放下重物能使起重机恢复稳定，否则将造成倾翻事故。采用紧急制动，会造成起重机倾翻事故。

4.3.13 起重机在满载或接近满载时，稳定性的安全系数相应降

142

低，如果同时进行两种动作，容易造成超载而发生事故。

4.3.14 起重机带载回转时，重物因惯性造成偏离而大幅度晃动，使起重机处于不稳定状态，容易发生事故。

4.3.16 本条叙述了起重机作业后要做的各项工作，如挂牢吊钩、螺母固定撑杆、销式制动器插入销孔、脱开取力器等要求，都是为在再一次行驶时起重机的装置不移动、不旋转等稳定的安全措施。

4.3.17 内燃机水温在 80℃～90℃时，润滑性能较好，温度过低使润滑油黏度增大，流动性能变差，如高速运转，将增加机件磨损。

4.4 塔式起重机

4.4.14 塔式起重机顶升属高处作业，安装过程使起重机回转台及以上结构与塔身处于分离状态，需要有严格的作业要求。本条所列各项均属于保证安全顶升的必要措施。

4.4.15 本条规定塔式起重机升降作业时安全技术要求。如果因连接螺栓拆卸困难而采用旋转起重臂来松动螺栓的错误做法，将破坏起重臂平衡而造成倾翻事故。

4.4.16 塔式起重机接高到一定高度需要与建筑物附着锚固，以保持其稳定性。本条所列各项均属于说明书规定的一般性要求，目的是保证锚固装置的牢固可靠，以保持接高后起重机的稳定性。

4.4.17 内爬升起重机是在建筑物内部爬升，作业范围小，要求高。本条所列各项均属于保证安全爬升的必要措施。其中第 5 款规定了起重机的最小固定间隔，尽可能减少爬升次数，第 6 款是为了保证支承起重机的楼层有足够的承载能力。

4.4.21 塔式起重机与大地之间是一个"C"形导体，当大量电磁波通过时，吊钩与大地之间存在着很高的电位差。如果作业人员站在道轨或地面上，接触吊钩时正好使"C"形导体形成一个"O"形导体，人体就会被电击或烧伤。这里所采取的绝缘措施是为了保护人身安全。

4.4.29 行程限位开关是防止超越有效行程的安全保护装置，如当作控制开关使用，将失去安全保护作用而易发生事故。

4.4.30 动臂式起重机的变幅机构要求动作平衡，变幅时起重量随幅度变化而增减。因此，当载荷接近额定起重量时，不能再向下变幅，以防超载造成起重机倾倒。

4.4.36 遇有风暴时，使起重臂能随风转动，以减少起重机迎风面积的风压，锁紧夹轨器是为了增加稳定性，防止造成倾翻。

4.4.43 主要为防止大风骤起时，塔身受风压面加大而发生事故。

4.5 桅杆式起重机

4.5.2 桅杆式起重机现场大量使用，本条针对专项方案提出具体要求，并强调专人对专项方案实施情况进行现场监督和按规定进行监测。

4.5.3 本条参考住房和城乡建设部《危险性较大的分部分项工程安全管理办法》中第七条的规定。

编制依据包括：相关法律、法规、规范性文件、标准、规范及图纸（国标图集）、施工组织设计等。

施工工艺流程包括：钢丝绳走向及固定方法、卷扬机的固定位置和方法、桅杆式起重机底座的安装及固定等。

施工安全技术措施包括：组织保障、技术措施、应急预案、监控检查验收等。

劳动力计划包括：专职安全管理人员、特种作业人员等。

4.5.7 桅杆式起重机缆风绳与地面的夹角关系到起重机的稳定性能。夹角小，缆风绳受力小，起重机稳定性好，但要增加缆风绳长度和占地面积。因此，缆风绳的水平夹角一般保持在30°～45°之间。因膨胀螺栓在使用中会松动，故严禁使用。所有的定滑轮用闭口滑轮，为确保安全。

4.5.11 桅杆式起重机结构简单，起重能力大，完全是依靠各根缆风绳均匀地拉牢主杆使之保持垂直，只要当一个地锚稍有松动，就能造成主杆倾斜而发生重大事故，因此，需要经常检查地锚的牢固程度。

4.5.13 起重作业在小范围移动时，可以采用调整缆风绳长度的方法使主杆在直立状况下稳步移动。如距离较远时，由于缆风绳的限制，只能采用拆卸转运后重新安装。

4.6 门式、桥式起重机与电动葫芦

4.6.2 门式起重机在轨道上行走需要较长的电缆，为了防止电缆拖在地面上受损，需要设置电缆卷筒。配电箱设置在轨道中部，能减少电缆长度。

4.7 卷 扬 机

4.7.3 钢丝绳的出绳偏角指钢丝绳与卷筒中心点垂直线的夹角。

4.7.11 卷筒上的钢丝绳如重叠或斜绕时，将挤压变形，需要停机重新排列。如果在卷筒转动中用手、脚去拉、踩，很容易被钢丝绳挤入卷筒，造成人身伤亡事故。

4.7.12 物体或吊笼提到上空停留时，要防止制动失灵或其他原因而失控下坠。因此，物体及吊笼下面不许有人，操作人员也不能离岗。

4.8 井架、龙门架物料提升机

4.8.1 这些安全装置对避免安全事故起到关键作用。

4.8.3 缆风绳和附墙装置与脚手架连接会产生安全隐患。

4.9 施工升降机

4.9.1 施工升降机基础的承载力和平整度有严格要求，基础的承载力应大于150kPa。

4.9.2 施工升降机附着于建筑物的距离越小，稳定性越好。

4.9.3 表4.9.3中的 H 代表施工升降机的安装高度。

4.9.16 本条采用《施工升降机》GB/T 10054－2005 的有关规定；施工升降机在恶劣的天气情况下要停止使用，暴风雨后，雨水侵入各机构，尤其是安全装置，需要检查无误后才能使用。

4.9.17 如果以限位开关代替控制开关，将失去安全防护，容易出事故。

5 土石方机械

5.1 一般规定

5.1.3 桥梁的承载能力有一定限度，履带式机械行走时振动大，通过桥梁要减速慢行，在桥上不要转向或制动，是为了防止由于冲击载荷超过桥梁的承载能力而造成事故。

5.1.4 土方机械作业对象是土壤，因此需要充分了解施工现场的地面及地下情况，查明施工场地明、暗设置物（电线、地下电缆、管道、坑道等）的地点及走向，以便采取安全和有效的作业方法，避免操作人员和机械以及地下重要设施遭受损害。

5.1.7 对于施工现场中不能取消的电杆等设施，要按本条要求采取防护措施。

5.1.9 本条所列各项归纳了土方施工中常见的危害安全生产的情况。当遇到这类情况，要求立即停工，必要时可将机械撤离至安全地带。

5.1.10 挖掘机械作业时，都要求有一定的配合人员，随机作业，本条规定了挖掘机械回转时的安全要求，以防止机械作业中发生伤人事故。

5.2 单斗挖掘机

5.2.2 本条规定了挖掘机在作业前状态的正确位置。

5.2.5 本条规定了机械启动后到作业前要进行空载运转的要求，目的是测试液压系统及各工作机构是否正常。同时也提高了水温和油温，为安全作业创造条件。

5.2.6 作业中，满载的铲斗要举高、升出并回转，机械将产生振动，重心也随之变化。因此，挖掘机要保持水平位置，履带或轮胎要与地面揳紧，以保持各种工况下的稳定性。

5.2.7 铲斗的结构只适用于挖土，如果用它来横扫或夯实地面，将使铲斗和动臂因受力不当而损伤变形。

5.2.8 铲斗不能挖掘五类以上岩石及冻土，所以需要采取爆破或破碎岩石、冻土的措施，否则将严重损伤机械和铲斗。

5.2.10 挖掘机的铲斗是按一定的圆弧运动的，在悬崖下挖土，如出现伞沿及松动的大石块时有塌方的危险，所以要求立即处理。

5.2.11 在机身未停稳时挖土，或铲斗未离开工作面就回转，都会造成斗臂侧向受力而扭坏；机械回转时采用反转来制动，就会因惯性造成的冲击力而使转向机构受损。

5.2.16 在低速情况下进行制动，能减少由于惯性引起的冲击力。

5.2.17 造成挖掘力突然变化有多种原因，如果不检查原因而依靠调整分配阀的压力来恢复挖掘力，不仅不能消除造成挖掘力突变的故障，反而会因增大液压泵的负荷而造成过热。

5.2.26 挖掘机检修时，可以利用斗杆升缩油缸使铲斗以地面为支点将挖掘机一端顶起，顶起后如不加以垫实，将存在因液压变化而下降的危险性。

5.3 挖掘装载机

5.3.2 挖掘装载机挖掘前要将装载斗的斗口和支腿与地面固定，使前后轮稍离地面，并保持机身的水平，以提高机械的稳定性。

5.3.3 在边坡、壕沟、凹坑卸料时，应留出安全距离，以防挖掘装载机出现倾翻事故。

5.3.5 动臂下降中途如突然制动，其惯性造成的冲击力将损坏挖掘装置，并能破坏机械的稳定性而造成倾翻事故。

5.3.11 液压操纵系统的分配阀有前四阀和后四阀之分，前四阀操纵支腿、提升臂和装载斗等，用于支腿伸缩和装载作业；后四阀操纵铲斗、回转、动臂及斗柄等，用于回转和挖掘作业。机械的动力性能和液压系统的能力都不允许也不可能同时进行装载和挖掘作业。

5.3.12 一般挖掘装载机系利用轮式拖拉机为主机，前后分别加装装载和挖掘装置，使机械长度和重量增加 60％以上，因此，行驶中要避免高速或急转弯，以防止发生事故。

5.3.14 轮式拖拉机改装成挖掘装载机后，机重增大不少，为减少轮胎在重载情况下的损伤，停放时采取后轮离地的措施。

5.4 推 土 机

5.4.2 履带式推土机如推粉尘材料或碾碎石块时，这些物料很容易挤满行走机构，堵塞在驱动轮、引导轮和履带板之间，造成转动困难而损坏机件。

5.4.3 用推土机牵引其他机械时，前后两机的速度难以同步，易使钢丝绳拉断，尤其在坡道上更难控制。采用牵引杆后，使两机刚性连接达到同步运行，从而避免事故的发生。

5.4.4～5.4.7 这四条分别规定了作业前、启动前、启动后、行驶前的具体要求。遵守这些要求将会延长机械使用寿命，并消除许多不安全因素。

5.4.10 在浅水地带行驶时，如冷却风扇叶接触到水面，风扇叶的高速旋转能使水飞溅到高温的内燃机各个表面，容易损坏机件，并有可能进入进气管和润滑油中，使内燃机不能正常运转而熄火。

5.4.11 推土机上下坡时要根据坡度情况预先挂上相应的低速挡，以防止在上坡中出现力量不足再行换挡而挂不进挡造成空挡下滑。下坡时如空挡滑行，将使推土机失控而加速下滑，造成事故。推土机在坡上横向行驶或作业时，都要保持机身的横向平衡，以防倾翻。

5.4.12 推土机在斜坡上熄火时，因失去动力而下滑，依靠浮式制动带已难以保证推土机原地停住，此时放下铲刀，利用铲刀与地面的阻力可以弥补制动力的不足，达到停机目的。

5.4.13 推土机在下坡时快速下滑，其速度已超过内燃机传动速度时，动力的传递已由内燃机驱动行走机构改变为行走机构带动内燃机。在动力传递路线相反的情况下，转向离合器的操纵方向也要相反。

5.4.14 在填沟作业中，沟的边缘属于疏松的回填土，如果铲刀再越出边缘，会造成推土机滑落沟内的事故。后退时先换挡再提升铲刀。是为了推土机在提升铲刀时出现险情能迅速后退。

5.4.15 深沟、基坑和陡坡地区都存在土质不稳定的边坡，推土机作业时由于对土的压力和振动，容易使边坡塌方。对于超过2m深坑，要求放出安全距离，也是为了防止坑边下塌。采用专人指挥是为了预防事故。

5.4.16 推土机超载作业，容易造成工作装置和机械零部件的损坏。采用提升铲刀或更换低速挡，都是防止超载的操作方法。

5.4.21 推土机的履带行走装置不适合作长距离行走，短距离行走中也要加强对行走机构的润滑，以减少磨损。

5.4.22 在内燃机运转情况下，进入推土机下面检修时，有可能因机械振动或有人上机误操作，造成机械移动而发生重大人身伤害事故。

5.5 拖式铲运机

5.5.6 作业中人员上下机械，传递物件，以及在铲斗内、拖把或机架上坐立，极易造成事故，所以要禁止。

5.5.9 拖式铲运机本身无制动装置，依靠牵引拖拉机的制动是有限的，因而规定了上下坡时的操作要求。

5.5.10 新填筑的土堤比较疏松，铲运机在上作业时要与堤坡边缘保持一定距离，以保安全。

5.5.11 本条所列各项操作要求，也是针对拖式铲运机本身无制动装置而需要遵守的事项。

5.5.12 铲运机采用助铲时，后端将承受推土机的推力，因此，两机需要密切配合，平稳接触，等速助铲。防止因受力不均而使机械受损。

5.5.14 这是为防止铲运机由于铲斗过高摇摆使重心偏移而失去稳定性造成事故。

5.5.18 这是防止由于偶发因素可能使铲斗失控下降，造成严重事故而提出的要求。

5.6　自行式铲运机

5.6.1 自行式铲运机机身较长，接地面积小，行驶时对道路有较高要求。

5.6.4 在直线行驶下铲土，铲刀受力均匀。如转弯铲土，铲刀因侧向受力而易损坏。

5.6.5 铲运机重载下坡时，冲力很大，需要挂挡行驶，利用内燃机阻力来控制车速，起辅助制动的作用。

5.6.6、5.6.7 自行式铲运机机身长，重载时如快速转弯，或在横坡上行驶或铲土，都易造成因重心偏离而翻车。

5.6.8 沟边及填方边坡土质疏松，铲运机接近时要留出安全距离，以免压塌边坡而倾翻。

5.6.10 自行式铲运机差速器有防止轮胎打滑的锁止装置。但在使用锁止装置时只能直线行驶，如强行转弯，将损坏差速器。

5.7　静作用压路机

5.7.1 静作用压路的压实效能较差，对于松软路基，要先经过羊足碾或夯实机逐层碾压或夯实后，再用光面压路机碾压，以提高工效。

5.7.4 大块石基础层表面强度大，需要用线压力高的压轮，不要使用轮胎压路机。

5.7.8 压路机碾压速度越慢，压实效果越好，但速度太慢会影响生产率，最好控制在 3km/h～4km/h 以内。在一个碾压行程中不要变速，是为了避免影响路面平整度。作业时尽可能采取直线碾压，不但能提高生产率，还能降低动力消耗。

5.7.9 压路机变换前进后退方向时，传动机构将反向转动，如果滚轮不停就换向,将造成极大冲击而损坏机件。如用换向离合器作制动用,也将造成同样的后果。

5.7.10 新建道路路基松软,初次碾压时路面沉陷量较大,采用中间向两侧碾压的程序,可以防止边坡坍陷的危险。

5.7.11 碾压傍山道路采用由里侧向外侧的程序,可以保持道路的外侧略高于内侧的安全要求。

5.7.12 压路机行驶速度慢,惯性小,上坡换挡脱开动力时,就会下滑,难以挂挡。下坡时如空挡滑行,压路机将随坡度加速滑行,制动器难以控制,易发生事故。

5.7.13 多台压路机在坡道上不要纵队行驶,这是防止压路机制动失灵或溜坡而造成事故。

5.7.15 差速器锁止装置的作用是将两轮间差速装置锁止,可以防止单轮打滑,但不能防止双轮打滑。

5.7.17 严寒季节停机时,将滚轮用木板垫离地面,是防滚轮与地面冻结。

5.8 振动压路机

5.8.1 振动压路机如果在停放情况下起振,或在坚实的地面上振动,其反作用力能使机械受损。

5.8.4 振动轮在松软地基上施振时,由于缺乏作用力而振不起来。因此,要对松软地基先碾压1遍~2遍,在地基稍压实情况下再起振。

5.8.5 碾压时,振动频率要保持一致,以免由于频率变化而使压实效果不一致。

5.8.9 停机前要先停振。

5.9 平 地 机

5.9.7 刮刀要在起步后再下降刮土,如先下降后起步,将使起步阻力增大,容易损坏刮刀。

5.9.10 齿耙缓慢下齿,是防阻力太大而受损。对于石渣和混凝土路面的翻松，已超出齿耙的结构强度，不能使用。

5.9.12 平地机前后轮转向的结构是为了缩小回转半径，适用于狭小的场地。在正常行驶时，只需使用前轮转向，没有必要全轮转向而增加损耗。

5.9.13 平地机结构不同于汽车，机身长的特点决定了不便于快速行驶。下坡时如空挡滑行，失去控制的滑行速度使制动器难以将机械停住，而酿成事故。

5.10 轮胎式装载机

5.10.1 装载机主要功能是配合自卸汽车装卸物料，如果装载后远距离运送，不仅机械损耗大，且生产率降低，在经济上不合算。

5.10.2 装载作业时，满载的铲斗要起升并外送卸料，如在倾斜度超过规定的场地上作业，容易发生因重心偏离而倾翻的事故。

5.10.3 在石方施工场地作业时，轮胎容易被石块的棱角刮伤，需要采取保护措施。

5.10.6 铲斗装载后行驶时，机械的重心靠近前轮倾覆点，如急转弯或紧急制动，就容易造成失稳而倾翻。

5.10.9 操纵手柄换向时，如过急、过猛，容易造成机件损伤。满载的铲斗如快速下降，制动时会产生巨大的冲击载荷而损坏机件。

5.10.10 在不平场地作业时，铲臂放在浮动位置，可以缓解因机身晃动而造成铲斗在铲土时的摆动，保持相对的稳定。

5.10.13 铲斗偏载会造成铲臂因受力不均而扭弯；铲装后未举臂就前进，会使铲臂挠度大而变形。

5.10.17 卸料时，如铲斗伸出过多，或在大于3°的坡面上前倾卸料，都将使机械重心超过前轮倾覆点，因失稳而酿成事故。

5.10.18 水温过高，会使内燃机因过热而降低动力性能；变矩器油温过高，会降低使用的可靠性；加速工作液变质和橡胶密封件老化。

5.10.20 装载机转向架未锁闭时，站在前后车架之间进行检修保养极易造成人身伤害。

5.11 蛙式夯实机

5.11.1 蛙式夯实机能量较小，只能夯实一般土质地面，如在坚硬地面上夯击，其反作用力随坚硬程度而增加，能使夯实机遭受损伤。

5.11.2～5.11.6 蛙式夯实机需要工人手扶操作，并随机移动，因此，对电路的绝缘要求很高，对电缆的长度等也有要求。资料表明，蛙式夯实机由于漏电造成人身触电事故是多发的。这四条都是针对性的预防措施。

5.11.7 作业时，如将机身后压，将影响夯机的跳动。要求保持机身平衡，才能获得最大的夯击力。如过急转弯，会造成夯机倾翻。

5.11.8 填高的土方比较疏松，要先在边缘以内夯实后再夯实边缘，以防止夯机从边缘下滑。

5.12 振动冲击夯

5.12.4 作业时，操作人员不得将手把握得过紧，这是为了减少对人体的振动。

5.12.7 冲击夯的内燃机系风冷二冲程高速（4000r/min）汽油机，如在高速下作业时间过长，将因温度过高而损坏。

5.13 强夯机械

5.13.3 本条规定是为了防止夯击过程中有砂石飞出，撞破驾驶室挡风玻璃，伤及操作人员。

5.13.5 起重臂仰角过小，将增加起重幅度而降低起重量和夯击高度；仰角过大，夯锤与起重臂距离过近，将影响起升高度。

5.13.6 夯机依靠门架支撑，以保持夯击时的稳定性。本条规定了对门架支腿的要求。

5.13.7 本条强调操作安全技术规程，确保操作人员安全。

5.13.10 夯锤上的通气孔，是防止快速下落的夯与地面接触时压缩空气使泥土飞溅，因此，需要保持通气孔的畅通。清理时，不应在锤下进行清理，是为了保证清理人员的人身安全。

6 运 输 机 械

6.1 一 般 规 定

6.1.5 运输机械人货混装、料斗内载人对人身安全危害极大，故应禁止。

6.1.7 水温未达到 70℃，各部润滑尚未到良好状态，如高速行驶，将增加机件磨损。变速时逐级增减，避免冲击。前进和后退须待车停稳后换挡，否则将造成变速齿轮因转向不同而打坏。

6.1.10 下长陡坡时，车速随坡度而增加，依靠制动器减速，将使制动带和制动鼓长时间摩擦产生高温，甚至烧坏。因此，需要挂上与上坡相同的低速挡，利用内燃机的阻力来控制车速，以减少制动器使用时间。

6.1.12 车辆过河，如水深超过排气管或曲轴皮带盘，排气管进水将使废气阻塞，曲轴皮带盘转动使水甩向内燃机各部，容易进入润滑和燃料系统，并使电气系统失效。过河时中途停车或换挡，容易造成熄火后无法启动。

6.1.17 为防止车辆移动，造成车底下作业的人员被压伤亡的重大事故。

6.2 自 卸 汽 车

6.2.3 本条为了防止铲斗或土石块等失控下坠砸坏驾驶室时，不致发生人身伤亡事故。

6.2.4 自卸汽车卸料时如边卸边行驶，顶高的车厢因汽车在高低不平的地面上摆动而剧烈晃动，将使顶升机构如车架受额外的扭力而受损变形。

6.2.5 自卸汽车在斜坡侧向倾卸或倾斜情况行驶，都易造成车辆重心外移，而发生翻车事故。

6.3 平板拖车

6.3.5 平板拖车装运的履带式起重机，如起重臂不拆短，将过多超越拖车后方，使拖车转弯困难。

6.3.7 平板拖车上的机械要承受拖车行驶中的摆动，尤其是紧急制动时所受惯性的作用。因此必须绑扎牢固，并将履带或车轮揽紧，防止机械移动而发生事故。

6.4 机动翻斗车

6.4.3 机动翻斗车在行驶中如长时间操纵离合器处于半结合状态，将使面片与压板摩擦而产生高温，严重时会烧坏。

6.4.6 机动翻斗车的料斗重心偏向前方，有自动向前倾翻的特点，因而降低了全车的稳定性。在行驶中下坡滑行，急转弯、紧急制动等操作，都容易发生翻车事故。

6.4.7 料斗依靠自重即能倾翻，因此料斗载人就存在很大的危险。料斗在倾翻情况下行驶或进行平地作业，都将造成料斗损坏或倾翻事故。

6.5 散装水泥车

6.5.4 散装水泥车卸料时，如车辆停放不平，将使罐内水泥卸不完而沉积在罐内。

6.5.7 卸料时罐内水泥随压缩空气输出罐外，需要保持压缩空气压力稳定。因此，空气压缩机要有专人负责管理，防止内燃机转速变化而影响卸料压力。

6.6 皮带运输机

6.6.3 皮带运输机先装料后启动，重载启动会增加电动机启动电流，影响电动机使用寿命和增加电耗。

6.6.8 多台皮带机串联送料时，从卸料端开始顺序启动，能使输送带上的存料有序地清理干净。

7 桩工机械

7.1 一般规定

7.1.1 选择合适的机型，是优质、高效完成桩工任务的先决条件。

7.1.5 电力驱动的桩机功率较大，对电源距离、容量以及导线截面等有较高要求。如达不到要求，会造成电动机启动困难。

7.1.8 作业前对桩机作全面检查是设备安全运转的基础，本条规定了桩机作业前的基本检查要求。

7.1.9 在水上打桩，固定桩机的作业船，当其排水量和偏斜度符合本条要求时，才能保证作业安全。

7.1.10 如吊桩、吊锤、回转、行走等四种动作同时进行，一方面起吊载荷增加，另一方面回转和行走使机械晃动，稳定性降低，容易发生事故。同时机械的动力性能也难以承担四种动作的负荷，而操作人员也难以正确无误地操作四种动作。

7.1.15 鉴于打桩作业中断桩、倒桩等事故时有发生，本条规定了操作人员和桩锤中心的安全距离。

7.1.16 如桩已入土 3m 时再用桩机回转或立柱移动来校正桩的垂直度，不仅难以纠正，还易使立柱变形或损坏，并可能使桩折断。

7.1.17 由于拔送桩时，桩机的起吊载荷难以计算，本条所列几种方法，都是施工中的实践经验，具有实用价值。

7.1.20 将桩锤放至最低位置，可以降低整机重心，从而提高桩机行走时的稳定性。

7.1.21 在斜坡上行走时，桩机重心置于斜坡上方，沿纵向作业或行走，可以抵消由于斜坡造成机械重心偏向下方的不稳定状态。如在斜坡上回转或作业及行走时横跨软硬边际，将使桩机重心偏离而容易造成倾翻事故。

7.1.23 桩孔成型后，如不及时封盖，人员会坠入桩孔。

7.1.24 停机时将桩锤落下和不得在悬吊的桩锤下面检修等，都是防止由于偶发因素，使桩锤失控下坠而造成事故。

7.2 柴油打桩锤

7.2.1 导向板用圆头螺栓、锥形螺母和垫圈固定在下汽缸上下连接板上，以使桩锤能在立柱导轨上滑动起导向作用，如导向板螺栓松动或磨损间隙过大，将使桩锤偏离导轨滑动而造成事故。

7.2.3 提起桩锤脱出砧座后，其下滑长度不应超过使用说明书的规定值，如绳扣太短，在打桩过程中容易拉断，如绳扣过长，则下活塞将会撞坏压环。

7.2.4 缓冲胶垫为缓和砧座（下活塞）在冲击作用下与下气缸发生冲撞而设置，如接触面或间隙过小时，将达不到缓冲要求。

7.2.5 加满冷却水，能防止汽缸和活塞过热；使用软水可以减少水垢；冬期使用温水，可以使缸体预热而易启动。

7.2.8 对软土层打桩时，由于贯入度过大，燃油不能爆发或爆发无力，使上活塞跳不起来，所以要先停止供油冷打，使贯入度缩小后再供油启动。

7.2.9 地质硬，桩锤爆发力大，上活塞跳得高，起跳高度不允许超过原厂规定，主要为了防止活塞环脱出气缸，造成事故。

7.2.11 桩锤供油是利用活塞上下推动曲臂向燃烧室供油，在桩机外设专人拉好曲臂控制绳，可以随时停止供油而停锤。

7.2.14 所谓早燃是指在火花塞跳火前混合气发生燃烧。发生早燃时，过早的炽热点火会破坏柴油锤的工作过程，使燃烧加快，气缸压力、温度增高和发动机工作粗暴。如不及时停机处理，可能会损坏气缸，引发事故。

7.3 振 动 桩 锤

7.3.1～7.3.4 振动桩锤是依靠电能产生高频振动，以减少桩和土体间摩擦阻力而进行沉拔桩的机械，为了保证安全作业，需要执行这四条规定的检查项目。

7.3.5 本条规定是为了防止钢丝绳受振后松脱的双重保险措施。

7.4 静力压桩机

7.4.1 桩机纵向行走时，应两个手柄一起动作，使行走台车能同步前进。

7.4.2 如船形轨道压在已入土的单一桩顶上，由于受力不均，将使船行轨道变形。

7.4.3 进行压桩时，需有多人联合作业，包括压桩、吊桩等操作人员，需要统一指挥，以保证配合协调。

7.4.4 起重机吊桩就位后，如吊钩在压桩前仍未脱离桩体，将造成起重臂压弯折断或钢丝绳断绳的事故。

7.4.6 桩机发生浮机时，设备处于不稳定状态，如起重机继续吊物，或桩机继续进行压桩作业，将会加剧设备的失稳，造成设备倾翻事故。

7.4.12 本条规定是为了保护桩机液压元件和构件不受损坏。

7.5 转盘钻孔机

7.5.4 钻机通过泥浆泵使泥浆在钻孔中循环，携带出孔中的钻渣。作业时，要按本条要求，保持泥浆循环不中断，以防塌孔和埋钻。

7.5.11 使用空气反循环的钻机，其循环方式与正循环相反，钻渣由钻杆中吸出，在钻进过程中向孔中补充循环水或泥浆，由于它具有十分强大的排渣能力，需要按本条规定遮拦喷浆口和固定管端。

7.5.12 先停钻后停风的要求，是利用风压清除孔底的钻渣。

7.6 螺旋钻孔机

7.6.1 钻杆与动力头的中心线偏斜过大时，作业中将使钻杆产生弯曲，造成连接部分损坏。

7.6.2 钻杆如一次性接好后再装上动力头，不仅安装困难，还因为钻杆长度超过动力头高度而无法安装，且钻杆过长容易弯曲变形。

7.6.10 如在钻杆运转时变换方向，能使钻杆折断。

7.6.15 停钻时，如不及时将钻杆全部从孔内拔出，将因土体回缩的压力而造成钻机不能运转或钻杆拔不出来等事故。

7.7 全套管钻机

7.7.3 套管入土的垂直度将决定成孔后的垂直度，因此，在入土开始时就要调整好，待入土较深时就难以调整，强行调整会使纠偏机构及套管损坏。

7.7.4 锤式抓斗利用抓斗片插入上层抓土，它不具备破碎岩层的能力，如用以冲击岩层，将造成抓斗损坏。

7.7.8 进入土层的套管，需要保持能摆动的状态，防止被土层挤紧，以至在浇注混凝土过程中不能及时拔出。

7.8 旋 挖 钻 机

7.8.3 本条规定是为了保证钻机行驶时的稳定性。

7.9 深层搅拌机

7.9.1 深层搅拌机的平整度和导向架的垂直度，是保证设备工作性能和成桩质量的重要条件。

7.9.6 保持动力头的润滑非常重要，如果断油，将会烧坏动力头。

7.10 成 槽 机

7.10.2 回转不平稳，突然制动会造成成槽机抓斗左右摇晃，容易失稳。

7.10.3～7.10.9 成槽机主机属于起重机械，所以应符合起重机械安全技术规范的要求。

7.10.10 成槽机成槽的垂直度不仅关系着质量，也关系安全，垂直度控制不好会发生成槽机在槽段的卡滞、无法提升等现象。

7.10.11 工作完毕，远离槽边，防止槽段由于成槽机自身重量发生坍方，抓斗落地是为防止抓斗在空中对成槽机和周边环境产生安全隐患。

7.10.13 该措施是为防止电缆及油管在运输过程中，由于道路交通状况发生颠簸、急停等，产生碰撞造成损坏。

7.11 冲孔桩机

7.11.1 场地不平整坚实，会造成冲孔桩机械在冲孔过程中的位移、摇晃、不稳定，严重的甚至会发生侧翻。

7.11.2 本条属于作业前需要检查的项目，目的是保证冲孔桩机械的安全使用。

7.11.3～7.11.6 冲孔桩机械的主动力设备为卷扬机，该部分内容应满足卷扬机安全操作规范的要求。

8 混凝土机械

8.1 一般规定

8.1.4 本条依照《施工现场临时用电安全技术规范》JGJ 46 - 2005 第 8.2.10 条规定。

8.2 混凝土搅拌机

8.2.3 依照《施工现场机械设备检查技术规程》JGJ 160 - 2008 第 7.3 节的规定，搅拌机在作业前，应检查并确认传动、搅拌系统工作正常及安全装置齐全有效，目的是确保搅拌机正常安全作业。

8.2.7 料斗提升时，其下方为危险区域。为防止料斗突然坠落伤人，规定严禁作业人员在料斗下停留或通过。当作业人员需要在料斗下方进行清理或检修时，应将料斗升至上止点并用保险锁锁牢。

8.3 混凝土搅拌运输车

8.3.2 卸料槽锁扣是防止卸料槽在行车时摆动的安全装置。搅拌筒安全锁定装置是防止搅拌筒误操作的安全装置，为保证混凝土搅拌运输车的作业安全，上述安全装置应齐全完好。

8.3.3~8.3.5 此条与《施工现场机械设备检查技术规程》JGJ 160 - 2008 第 7.7 节规定协调。混凝土搅拌运输车作业前应对上述内容进行检查并确认无误，保证作业安全。

8.3.6 本规定明确了混凝土搅拌运输车行驶前，应确认搅拌筒安全锁定装置处于锁定位置及卸料槽锁扣的扣定状态，保证行驶安全。

8.4 混凝土输送泵

8.4.1 输送泵在作业时由于输送混凝土压力的作用，可产生较大的振动，安装泵时应达到本规定要求。

8.4.2 向上垂直输送混凝土时，应依据输送高度、排量等设置基础，并能承受该工况的最大荷载。为缓解泵的工作压力，应在泵的输出口端连接水平管。向下倾斜输送混凝土时，应依据落差敷设水平管，以缓解管内气体对输送作业的影响。

8.4.4 砂石粒径、水泥强度等级及配合比是保证混凝土质量和泵送作业正常的基本要求。

8.4.6 混凝土泵车开始或停止泵送混凝土时，出料软管在泵送混凝土的作用下会产生摆动，此时的安全距离一般为软管的长度。同时出料软管埋在混凝土中可使压力增大，易发生伤人事故。

8.4.7 泵送混凝土的排量、浇注顺序及集中荷载的允许值，均是影响模板支撑系统稳定性的重要因素，作业时必须按混凝土浇筑专项方案进行。

8.4.11 本条规定是为了保证混凝土泵的清洗作业安全。

8.5 混凝土泵车

8.5.1 本条规定明确了泵车停靠场地的要求，泵车的任何部位与输电线路的安全距离应符合《施工现场临时用电安全技术规范》JGJ 46 的有关规定。

8.5.2 本条规定是为了保证泵车稳定性而制定的。

8.5.3 依据《施工现场机械设备检查技术规程》JGJ 160 - 2008 第 2.6 节规定，泵车作业前应对本规定内容进行检查，并确认无误。

8.5.5、8.5.6 布料杆处于全伸状态时，泵车稳定性相对较小，此时移动车身或延长布料配管和布料软管均可增大泵车倾翻的危险性。

8.6 插入式振捣器

8.6.2、8.6.3 插入式振捣器属Ⅰ类手持电动工具。依据《施工现场临时用电安全技术规范》JGJ 46-2005 的有关规定，操作人员作业时必须穿戴符合要求的绝缘鞋和绝缘手套。电缆线应采用耐气候型橡胶护套铜芯电缆，并不得有接头。

8.6.5 振捣器软管弯曲半径过小，会增大传动件的摩擦发热，影响使用寿命。

8.7 附着式、平板式振捣器

8.7.2、8.7.3 附着式、平板式振捣器属Ⅰ类手持电动工具。依据《施工现场临时用电安全技术规范》JGJ 46-2005 的有关规定，操作人员作业时必须穿戴符合要求的绝缘鞋和绝缘手套。电缆线应采用耐气候型橡胶护套铜芯电缆，并不得有接头。

8.7.7 多台振捣器同时作业时，各振捣器的振动频率一致，主要是为了提高振捣效果。

8.8 混凝土振动台

8.8.1 作业前对本条内容进行检查，目的是确保振动台作业安全。

8.8.2 振动台作业时振动频率较高，要求设置可靠的锁紧夹，确保振动台安全作业。

8.9 混凝土喷射机

8.9.1 喷射机采用压缩空气将配合料通过喷射枪和水合成混凝土喷射到工作面。对空气压力、水的流量及配合料的配比要求较高，作业时参照说明书要求进行。

8.9.4 依照《施工现场机械设备检查技术规程》JGJ 160-2008 第2.4节规定，作业前对本规定内容进行全面检查、确认。

8.9.7 混凝土从喷射机喷出时，压力大、喷射速度高，为预防作业人员受伤害制定本规定。

8.10 混凝土布料机

8.10.1 参照《塔式起重机安全规程》GB 5144‒2006 第 10.3 节规定，布料机任一部位与其他设施及构筑物的安全距离不应小于 0.6m。

8.10.3 手动式混凝土布料机底盘防倾覆的措施可采用搭设长宽 6m×6m、高 0.5m 的脚手架，并与混凝土布料机底盘固定牢固。

8.10.4 为保证布料机的作业安全，作业前应对本条规定的内容进行全面检查，确认无误方可作业。

8.10.6 输送管被埋在混凝土内，会使管内压力增大，易引发生产安全事故。

8.10.8 此条结合《混凝土布料机》JB/T 10704‒2004 标准及实际情况执行 6 级风不能作业的风速下限。

9 钢筋加工机械

9.2 钢筋调直切断机

9.2.5 导向筒前加装钢管，是为了使钢筋通过钢管后能保持水平状态进入调直机构。

9.2.7 调直筒内一般设有 5 个调直块，第 1、5 两个放在中心线上，中间 3 个偏离中心线，先有 3mm 左右的偏移量，经过试调直，如钢筋仍有慢弯，可逐渐加大偏移量直到调直为止。

9.3 钢筋切断机

9.3.4 钢筋切断时，其切断的一端会向切断一侧弹出，因此，手握钢筋要在固定刀片的一侧，以防钢筋弹出伤人。

9.4 钢筋弯曲机

9.4.7 弯曲超过规定直径的钢筋，将使机械超载而受损。弯曲未经冷拉或带有锈皮的钢筋，会有小片破裂锈皮弹出，要防止伤害眼睛。

9.5 钢筋冷拉机

9.5.1 冷拉机的主机是卷扬机，卷扬机的规格要符合能冷拉钢筋的拉力。卷扬钢丝绳通过导向滑轮与被拉钢筋成直角，当钢筋拉断或夹具失灵时不致危及卷扬机。卷扬机要与拉伸中线保持一定的安全距离。

9.5.5 本条规定装设限位标志和有专人指挥，都是为了防止钢筋拉伸失控而造成事故。

9.6 钢筋冷拔机

9.6.1 钢筋冷拔机主要适用于大型屋面板钢筋施工。

10 木 工 机 械

10.1 一 般 规 定

10.1.1 本条对操作人员的穿着和佩戴进行了规定，防止操作人员因穿着不当，在操作中被机械的传动部位缠绕或误碰触机械开关而引发生产安全事故。

10.1.2 本条规定木工机械不准使用倒顺双向开关，是为了防止作业过程中，工人身体或搬运物体时误碰触倒顺开关引发起生产安全事故。

10.1.3 本条规定是引用国家标准《机械加工设备一般安全要求》GB 12266‑90 中的规定。

10.1.14 多功能机械在施工现场使用时，在一项工作中只允许使用一种功能，是为了避免多动作引起的生产安全事故。

10.1.16 本条规定是从职业健康安全方面考虑，保护操作人员和周围人员的身心健康。国家标准《木工机床安全 平压两用刨床》GB 18956‑2003 中规定木工机械排放的最大噪声限值为 90dB。

10.2 带 锯 机

10.2.1 锯条的裂纹长度超过 10mm 时，在锯木的过程中锯条容易断裂导致生产安全事故的发生。

10.3 圆 盘 锯

10.3.1 该条规定是针对施工现场因移动设备或加工大模板，操作工人为了方便，经常不使用防护罩的现象，而制定的强制性标准。

10.3.3 该条规定是依据国家标准《木工刀具安全 铣刀、圆锯片》GB 18955 - 2003 中对圆锯片锯身有裂纹的圆锯片应剔除，不允许修理。

10.3.7 该条规定是考虑到加工旧方木和旧模板，如果旧方木和模板上有未清除的钉子时，锯木容易引起钉子、木屑等硬物飞溅造成人员伤害。

10.5 压刨床（单面和多面）

10.5.6 压刨必须要装有止逆器，这是为了避免刨床的工作台与刀轴或进给辊接触。

10.8 开 榫 机

10.8.1 该条规定中试运转的时间是指在施工现场经过验收后日常投入使用前所作的试运转，时间是参考《建筑机械技术试验规程》JGJ 34 - 86 规定中对"电动机进行技术试验时空载试运转的时间为 30min"而规定的。

11 地下施工机械

11.1 一 般 规 定

11.1.1 地下施工机械的类型很多，每一种类型都有自己的特性，针对不同的地质情况和环境，选择合适的机械和功能对施工安全极为重要。每一类型的施工机械中应根据施工所处土层性质、管径、地下水位、附近地上与地下建筑物、构筑物和各种设施等因素，经技术经济比较后确定。

11.1.2 为了安全而有效地组织现场施工，要求地下施工机械在厂内制造完工后，必须进行整机调试，检查核实设备的供油系统、液压系统和电气系统的状况，调试机械运转状态和控制系统的性能，确保地下施工机械设备出厂就具备良好的性能，防止设备上的先天不足给工程带来不安全因素。

11.1.3 地下施工机械施工期间，应对邻近建（构）筑物、地下管网进行监测，对重要的有特殊要求的建筑物，应及时采取注浆、加固、支护等技术措施，保证邻近建筑物、地下管网的安全。

11.1.4 地下工程作业中必须进行通风，通风目的是保证施工生产正常安全和施工人员的身体健康；必须采用机械通风，一般选用压入式通风。对于预计将通过存在可燃性、爆炸性气体、有害气体地下施工地段，必须事先对这些地段及周围的地层、水文等采用钻探或其他方法进行预先的详细调查，查明这些气体存在的范围与状态。对存在燃烧和缺氧危险时，应禁止明火火源，防止火灾；当发生可燃气体和有害气体浓度超过容许值时，应立即撤出作业人员，加强通风、排气，只有当可燃气体、有害气体得到控制时，才能继续施工。

11.1.7 在确定垂直运输和水平运输方案及选择设备时必须根据

作业循环所需的运输量详细考虑，同时还应符合各种材料运输要求，所有的运输车辆、起重机械、吊具要按有关安全规程的规定定期进行检查、维修、保养与更换。

11.1.8、11.1.9 开挖面如果不稳定，会造成施工机械的安全隐患和地面沉降塌陷等。

11.1.11 如不暂停施工并进行处理，可能发生施工偏差超限、纠偏困难和危及施工机械与工程施工安全。

11.1.12 大型地下施工机械吊装属于大型构件吊装，必须编制专项方案，经审批同意后实施。

11.2 顶 管 机

11.2.1 顶管机的选择，应根据管道所处土层性质、管径、地下水位、附近地上与地下建筑物、构筑物和各种设施等因素，经技术经济比较后确定，要符合下列规定：

1 在黏性土或砂性土层，且无地下水影响时，宜采用手掘式或机械挖掘式顶管法；当土质为砂砾土时，可采用具有支撑的工具管或注浆加固土层的措施；

2 在软土层且无障碍物的条件下，管顶以上土层较厚时，宜采用挤压式或网格式顶管法；

3 在黏性土层中必须控制地面隆陷时，宜采用土压平衡顶管法；

4 在粉砂土层中且需要控制地面隆陷时，宜采用加泥式土压平衡或泥水平衡顶管法；

5 在顶进长度较短、管径小的金属管时，宜采用一次顶进的挤密土层顶管法。

11.2.2 导轨产生位移，对机械和工程安全产生影响。

11.2.3 千斤顶是顶管施工主要的动力系统，后座千斤顶应联动并同时受力，合力作用点应在管道中心的垂直线上。

11.2.4～11.2.8 油泵安装和运转的注意事项，以确保油泵和千斤顶的安全运转。

11.2.11 发生该条情况如不暂停施工，查明原因并进行处理，可能危及施工机械与工程施工安全。

11.2.12 中继间安装将凹头安装在工具管方向，凸头安装在工作井一端，是为了避免在顶进过程中会导致泥砂进入中继间，损坏密封橡胶，止水失效，严重的会引起中继间变形损坏。不控制单次推进距离，则会导致中继间密封橡胶拉出中继间，止水系统损坏，止水失效。

11.3 盾 构 机

11.3.1～11.3.4 这几条是对盾构机在下井组装之前进行的各项试验，以确保组装后的盾构机机械性能正常，安全有效地工作。

11.3.5 始发基座主要作用是用于稳妥、准确地放置盾构，并在基座上进行盾构安装与试掘进，所以基座必须有足够的承载力、刚度和安装精度，并且考虑盾构安装调试作业方便。接收井内的盾构基座应保证安全接收盾构机，并能进行检修盾构机、解体盾构机的作业或整体移位。

11.3.6 推进过程中，调整施工参数如下：

    1 土压平衡盾构掘进速度应与进出土量、开挖面土压值及同步注浆等相协调；

    2 泥水平衡盾构掘进速度应与进排浆流量、开挖面泥水压力、进排泥浆、泥土量及同步注浆等相协调。

11.3.8 发生该条出现的情况，如不分析原因并及时解决，会对盾构机械本身及工程安全产生影响。

11.3.9 盾构暂停推进施工应按停顿时间长短、环境要求、地质条件作好盾构正面、盾尾密封以及盾构防后退措施，一般盾构停止3d以上，开挖面应加设密闭封板、盾尾与管片间的空隙作嵌缝密封处理，并在支承环的环板与已建成的隧道管片环面之间加适当支撑，以防止盾构在停顿期间的后退。当地层很软弱、流动性较大时，则盾构中途停顿时须及时采取防止泥土流失的措施。

11.3.11 刀具更换是一项较复杂的工序。首先除去压力舱中的泥水、残土，清除刀头上粘附的泥沙，确认要更换的刀头，运入工具，设置脚手架，然后拆去旧刀具，换上新刀具。更换刀具停机时间比较长，容易造成盾构整体沉降，引起地层及地表沉降，损坏地表及地下建（构）筑物。要求：

  1 更换前做好准备工作，尽量减少停机时间；

  2 更换作业尽量选择在中间竖井或地层条件较好、较稳定地段进行；

  3 在地层条件较差的地段进行更换作业时，须带压更换或对地层进行预加固，确保开挖面及基底的稳定。

  更换刀具的人员要系安全带，刀具的吊装和定位要使用吊装工具。在更换滚刀时要使用抓紧钳和吊装工具。所有用于吊装刀具的吊具和工具都要经过严格检查，以确保人员和设备的安全。带压作业人员要身体健康，并经过带压作业专业培训，制定并执行带压工作程序。

11.3.14 盾构停止推进后按计划方法与工艺拆除封门，盾构要尽快地连续推进和拼装管片，使盾构能在最短时间内全部进入接收井内的基座上。洞口与管片的间隙要及时处理，并确保不渗漏。

11.3.16 管片拼装是盾构法施工的一个重要工序，整个工序由盾构司机、管片拼装机操作工和拼装工等三个特殊工种配合完成。在整个施工过程中要由专人负责指挥，拼装前要全面检查拼装机械、工具、索具。施工前要根据所用管片形式、特点详细向施工人员作技术和安全交底。

12 焊接机械

12.1 一般规定

12.1.2、12.1.3 焊割作业有许多不安全因素，如爆炸、火灾、触电、灼烫、急性中毒、高处坠落、物体打击等，对危险性失去控制或防范不周，就会发展为事故，造成人员伤亡和财产损失，这几条规定是为了抑制和清除危险性而制定的。

12.1.4 施工现场很多火灾事故都是由焊接（切割）作业引起的，严格控制易燃易爆品的堆放能有效防范火灾的发生。施工现场切割金属时冒出的火花温度很高，时间长聚集的温度会更高，如果没有隔离措施，就算切割工作面周围堆放保温板、塑料包装袋等阻燃材料也会发生火灾，因此焊接（切割）工作面四周要清理干净，方可进行动火作业。

12.1.5 长期停用的电焊机如绕组受潮、绝缘损坏，电焊机外壳将会漏电。在外壳缺乏良好的保护接地或接零时，人体碰及将会发生触电事故。

12.1.6 焊机导线要具有良好的绝缘，绝缘电阻不小于 $1M\Omega$，不要将焊机导线放在高温物体附近，以免烧坏绝缘；不许利用建筑物的金属结构、管道、轨道或其他金属物体搭接起来形成焊接回路，防止发生触电事故。

12.1.7 焊钳要有良好的绝缘和隔热能力，握柄与导线的连接要牢靠，接触良好，导线连接处不要外露，不要用胳膊夹持，这些规定是为了防止静电。

12.1.8 焊接导线要有适当的长度，一般以 20m～30m 为宜，过短不便于操作，过长会增大供电动力线路的压降；其他措施主要为了保护导线。

12.1.9 如在承压状态的压力容器及管道、装有易燃易爆物品的容器、带电设备和承载结构的受力部位上进行焊接和切割，将会发生爆炸、火灾、有毒气体和烟尘中毒、触电以及承载结构倒塌等重大事故。因此，要严格禁止。

12.1.10、12.1.11 主要是为了防止由于爆炸、火灾、触电、中毒而引起重大事故而规定的。一般情况下，对于存有残余油脂或可燃液体、可燃气体的容器，焊前要先用蒸汽和热碱水冲洗，并打开盖口，确定容器清洗干净后，再灌满水方可以进行焊接；在容器内焊接时要防止触电、中毒和窒息，因此通风要有保证，还要有专人监护；已喷涂过油漆和塑料的容器，在焊接时会产生氯化氢等有毒气体，在通风不畅的情况下将导致中毒或损害工人健康。

12.1.12 焊接青铜、铅等有色金属时会产生一些氧化物、烟尘等有毒物质，影响工人健康。因此，要有排烟、通风装置和防毒面罩。

12.1.13 预热焊件的温度达到 700℃，形成一个比较强的热辐射源，可以引起作业人员大量出汗，导致体内水盐比例失调，出现不适症状，同时会增加触电危险，所以要设挡板、穿隔热服等，隔离预热焊件散发的辐射热。

12.1.14 在焊接过程中，焊工总要经常触及焊接回路中的焊钳、焊件、工作台及焊条等，而焊接设备的一次电压为 220V 或 380V，空载电压也都在 60V 以上，因此，除焊接设备要有良好的保护接地或接零外，焊接时焊工要穿戴干燥的工作服和绝缘的胶鞋、手套，并采用干燥木板垫脚、下雨时不在露天焊接等防止触电的措施。

12.1.15 手工电弧焊要求按焊机的额定电流和暂载率来使用，既能合理地发挥焊机的负载能力，又不至于造成焊机过热而烧毁。在运行中当喷漆电焊机金属外壳温升超过 35℃时，要停止运转并采取降温措施。

12.1.17 电焊机在焊接电弧引燃后二次侧电压正常为 16V～35V，但是在空载带电的情况下二次侧的电压一般在 50V～90V，远大于安全电压的最高等级 42V，人体接触后容易发生触电事故，因此电焊机需要加装防二次侧触电装置。

12.2 交（直）流焊机

12.2.1 初、次级线不能接错，否则焊机将冒烟甚至被烧坏；或因将次级线错接到电网上而次级线路又无保护接地或接零，焊工触及次级线路的裸导体，将导致触电事故。

接线柱的螺母、螺栓、垫圈要完好齐全，不要松动或损坏，否则会使接触处过热，以致损坏接线板；或使松动的导线误碰机壳，使焊机外壳带电。

12.2.2 多台电焊机的接地装置均要分别将各个接地线并联到接地极上，绝不能用串联方法连接，以确保在任何情况下接地回路不致中断。

12.3 氩 弧 焊 机

12.3.3 氩气是液态空气分馏制氧时获得的副产品，由于氩气的沸点介于氧气和氮气沸点之间，沸点温度差距较小，所以在制氩过程中不可避免地要含一定量的氧、氮和水分等杂质，而且有的氩气瓶是用经过清洗的氧气瓶代替的。因此，安装的氩气减压阀，管接头不要粘有油脂。

12.3.5 氩弧焊是用高频振荡器来引弧和稳弧的，但对焊工健康有不利影响，因此，要将焊机和焊接电缆用金属编织线屏蔽防护。也可以通过降低频率来进一步防护。

12.3.6 氩弧焊大都采用钨极、钍钨极、铈钨极，如在通风不畅的场所焊接，烟尘中的放射性微料可能过浓，因此要戴防毒面罩。钍钨棒的打磨要有抽风装置，贮存时最好放在铅盒内，更不许随身携带，防止放射线伤害。

12.3.9 氩弧焊工人作业时受到放射线和强紫外线的危害（约为普通电弧焊的 5 倍～10 倍）。所以工作完了要及时脱去工作服，清洗手脸和外露皮肤，消除毒害。

12.4 点 焊 机

12.4.1 工作前要清除上下电极的油渍及污物，否则将降低电极使用期限，影响焊接质量。

12.4.2 这是规定的焊机启动程序，如违反操作程序，就会发生质量及生产安全事故。

12.4.3 焊机通电后，要检查电气设备、操作机构、冷却系统、气路系统及机体外壳有无漏电现象。

12.5 二氧化碳气体保护焊机

12.5.2 大电流粗丝的二氧化碳焊接时，要防止焊枪水冷却系统漏水，破坏绝缘，发生触电事故。

12.5.3 装有液态二氧化碳的气瓶，不能在阳光下曝晒或用火烤，以免造成瓶内压力增大而发生爆炸。

12.5.4 二氧化碳气体预热器要采用36V以下的安全电压供电。

12.6 埋 弧 焊 机

12.6.1 埋弧焊机在操作盘上一般都是安全电压，但在控制箱上有380V或220V电源，所以焊接要有安全接地（零）线。盖好控制箱的外壳和接线板上的罩壳是为防止导线扭转及被熔渣烧坏。

12.7 对 焊 机

12.7.1 对焊机铜芯导线参考表12-1选择。

表 12-1　对焊机导线截面

对焊机的额定功率（kV·A）	25	50	75	100	150	200	500
一次电压为220V时导线截面（mm^2）	10	25	35	45	—	—	—
一次电压为380V时导线截面（mm^2）	6	16	25	35	50	70	150

12.7.4 由于超载过热及冷却水堵塞、停供，使冷却作用失效等有可能造成一次线圈的绝缘破坏。

12.7.6 在进行闪光对焊时，大的电流密度使接触点及其周围的金属瞬间熔化，甚至形成汽化状态，会引起接触点的爆裂和液体金属的飞溅，造成焊工的灼伤和引起火灾，所以闪光区要设挡板。

12.8 竖向钢筋电渣压力焊机

12.8.4 参照现行行业标准《钢筋焊接及验收规程》JGJ 18 的电渣压力焊焊接参数表选取。一般情况下，时间（s）可为钢筋的直径数（mm），电流（A）可为钢筋直径的 20 倍（mm）。

12.9 气焊（割）设备

12.9.4 氧气是一种活泼的助燃气体，是强氧化剂，空气中氧气含量为 20.9%，增加氧的纯度和压力会使氧化反应显著加剧。当压缩氧气与矿物油、油脂或细微分散的可燃粉尘等接触时，由于剧烈的氧化升温、积热而发生自燃，构成火灾或爆炸。因此，氧气瓶及其附件、胶管、工具等不能粘染油污。

12.10 等离子切割机

12.10.1 等离子切割机的空载电压较高（用氮气作为离子气时为 65V～80V，用氩氢混合气体作为离子气时为 110V～120V），所以设备要有良好的保护接地。

12.10.5 等离子弧温度高达 16000K～33000K，由于高温和强烈的弧光辐射作用而产生的臭氧、氮氧化物等有害气体及金属粉尘的浓度均比氩弧焊高得多。波长 2600 埃～2900 埃的紫外线辐射强度，弧焊为 1.0，等离子弧焊为 2.2。等离子弧焊流速度很高，当它以 1000m/min 的速度从喷嘴喷射出来时，则产生噪声。此外，还有高频电磁场、热辐射、放射线等有害因素，操作人员要按本规程第 12.3 节氩弧焊机一样，搞好安全防护和卫生要求。

13 其他中小型机械

13.11 喷 浆 机

13.11.1 密度过小，喷浆效果差；密度过大，会使机械振动，喷不成雾状。

13.11.2 本条主要是防止喷嘴孔堵塞和叶片磨损的加快。

13.14 水 磨 石 机

13.14.1 强度增大将使磨盘寿命降低。

13.14.2 磨石如有裂纹，在使用中受高转速离心力影响，将造成磨石飞出磨盘伤人事故。

13.14.5 冷却水既起到冷却作用，也是磨石作业中的润滑剂，起到磨石面要求光滑的质量保证作用。

13.15 混凝土切割机

13.15.3～13.15.6 这几条都是要求在操作中遵守的防止伤害人手的安全措施。

13.17 离 心 水 泵

13.17.1 数台水泵并列安装时，如扬程不同，就不能向同一高度送水，达不到增加流量的目的；串联安装时，如串联的水泵流量不同，只能保持小泵的流量，如果小泵在下，大泵会产生气蚀。

13.18 潜 水 泵

13.18.5 潜水泵的电动机和泵都安装在密封的泵体内，高速运转的热量需要水冷却。因此，不能在无水状态下运转时间过长。

13.18.9 潜水泵长时间在水中作业，对电动机的绝缘要求较高，除安装漏电保护装置外，还要定期测定绝缘电阻。

13.22 手持电动工具

13.22.2 砂轮机转速一般在 10000r/min 以上，因此，对砂轮等刀具质量和安装有严格要求，以保证安全。

13.22.5 手持电动工具转速高、振动大，作业时直接与人体接触，并处在导电良好的环境中作业。因此，要求采用双重绝缘或加强绝缘结构的电动机和导线。

13.22.6 采用工程塑料为机壳的手持电动工具，要防止受压和汽油等溶剂的腐蚀。

13.22.10 手持电动机具温升超过 60℃ 时，要停机降温后再使用，这是防止机具故障、延长使用寿命的必要措施。

13.22.11 手持电动机具依靠操作人员的手来控制，如要在转动时撒手，机具失去控制，会破坏工件，损坏机具，甚至伤害人身。

13.22.13 40％的断续工作制是电动机负载持续率为 40％的定额为基准确定的。负载持续率就是电动机工作时间与一个工作周期的比值，其中工作时间包括启动、工作和制动时间；一个工作周期包括工作时间和停机及断电时间。

13.22.14 角向磨光机空载转速达 10000r/min，要求选用安全线速不小于 80m/s 的增强树脂型砂轮。其最佳的磨削角度为 15°～30°的位置。角度太小，增加砂轮与工件的接触面，加大磨削阻力；角度大，磨光效果不好。

13.22.16 本条第 1 款所列事项，都是为了防止射钉误发射而造成人身伤害事故。

13.22.17 本条第 1 款所列事项，如铆钉和铆钉孔的配合过盈量大，将影响铆接质量；如因铆钉轴未断而强行扭撬，会造成机件损伤；铆钉头子或并帽松动，会失去调节精度，影响操作。